杭州市常见鸟类图鉴

马利阳　张丽荣　主编

中国林業出版社
CFPH China Forestry Publishing House

图书在版编目（CIP）数据

杭州市常见鸟类图鉴 / 马利阳，张丽荣主编 . -- 北京：中国林业出版社，2025.3

ISBN 978-7-5219-2493-0

Ⅰ. ①杭… Ⅱ . ①马… ②张… Ⅲ . ①鸟类 – 杭州 – 图集 Ⅳ . ① Q959.708-64

中国国家版本馆 CIP 数据核字（2024）第 007625 号

HANGZHOUSHI CHANGJIAN NIAOLEI TUJIAN

责任编辑：贾麦娥

出版发行：中国林业出版社

（100009，北京市西城区刘海胡同 7 号，电话 010-83143562）

网　　址：https://www.cfph.net

印　　刷：河北鑫汇壹印刷有限公司

版　　次：2025 年 3 月第 1 版

印　　次：2025 年 3 月第 1 次

开　　本：889mm×1194mm 1/32

印　　张：7

字　　数：150 千字

定　　价：88.00 元

杭州市生物多样性保护与调查评估丛书
编委会

《杭州市常见鸟类图鉴》编写成员

主　　编　马利阳　张丽荣

编　　者　金世超　孟　锐　朱振肖　王　君
刘　洋　程　钊　王逸飞　贾　嘉
马梓贺　宋　凯

参编单位　杭州市生态环境局
生态环境部环境规划院
中国科学院动物研究所
杭州市生态环境局上城分局
杭州市生态环境局拱墅分局
杭州市生态环境局高新开发区（滨江）分局
杭州市生态环境局余杭分局
杭州市生态环境局钱塘分局
杭州市生态环境局萧山分局
杭州市生态环境局临平分局
杭州市生态环境局富阳分局

前言

杭州，这座被西湖烟雨浸润了千年的城市，既承载着“东南形胜，三吴都会”的历史厚重，也跳动着现代都市的蓬勃脉搏。当你在街区漫步时，或许未曾留意，一只白鹭正从粼粼波光中衔起银鱼；当梧桐叶在秋风中飘落，红胁蓝尾鸲已悄然栖上枝头，用羽色装点季节的更迭。鸟类，作为城市生态系统中最灵动的符号，既是自然环境质量的“晴雨表”，也是人类与荒野之间最后的诗意纽带。近年来，杭州的鸟类种类和数量不断增长，印证着这座城市生态修复的不懈努力。

本书的编纂，基于2022—2023年杭州城区鸟类多样性调查的工作成果，筛选了97种常见且具有代表性的鸟类，分别介绍了这些物种的分类、别名、濒危情况、形态特征、生活习性、记录生境等信息。本书的分类标准采用《中国鸟类分类与分布名录（第四版）》（郑光美 2023），物种别名主要参考其他鸟类志和当地常见用名。图片大部分为技术组实地调查拍摄所得，非本次调查拍摄图片已标注来源。这部图鉴，既是对自然馈赠的记录，亦是一份留给未来的生态备忘录，希望本书能够为生物多样性保护工作者、鸟类爱好者、市民和游客服务。

需要说明的是，鸟类分布始终处于动态变化中。随着杭州城市建设的发展，城市鸟类群落正经历新一轮适应与重组。我们期待读者在运用本图鉴时，既能将其作为认知工具，更视之为触发持续观察的起点——毕竟，自然的本真永远超越纸页的边界。我们更希望，当某日您在小区花园遇见啄食构树果的珠颈斑鸠时，能想起这句话：“每一只鸟，都是通往自然圣殿的引路者。”愿这本图鉴能唤醒深藏于城市人基因中的荒野记忆。

囿于编撰周期之局促与编者学识之阈限，倘若某些描述未能如翠鸟入水般精准，愿您的指正如雨燕划破长空，为我们指明修正的轨迹。

本书形成过程中还得到了来自中国科学院动物研究所、浙江自然博物院等单位和学者的指导支持，在此一并表示感谢！

作　者

2024 年 6 月

目录

雁形目鸭科

01 鸿雁 *Anser cygnoides*

别名 原鹅、随鹅、奇鹅、黑嘴雁、沙雁、草雁

濒危情况 《国家重点保护野生动物名录》二级，易危（VU）*

形态特征 雌雄相似。但雌鸟体型略小，两翅较短，喙基疣状突亦不明显。成鸟从额基、头顶到后颈正中央暗棕褐色，额基与喙之间有一条棕白色细纹，将喙和额截然分开。头侧、颏和喉淡棕褐色，喙裂基部有两条棕褐色颚纹。背、肩、腰、翅上覆羽和三级飞羽暗灰褐色，羽缘较淡或较白，形成明显的白色斑纹或横纹。尾上覆羽暗灰褐色，但最长的尾上覆羽纯白色，尾羽灰褐色。前颈和颈侧白色，前颈下部和胸肉桂色，向后逐渐变淡，到下腹则全为白色。尾下覆羽亦为白色，两胁暗褐色，具棕白色羽端；翼下覆羽及腋羽暗灰色。喙黑色，虹膜红褐色或金黄色，跗跖橙黄色或肉红色。

---

* 系世界自然保护联盟（IUCN）标准。后同。

生活习性 每年9月下旬至10月末即开始大量从繁殖地迁往越冬地，有的早在9月初至9月中旬即开始迁徙。迁徙时常集成数十、数百，甚至上千只的大群。性喜结群，常成群活动，特别是迁徙季节常集成大群；即使在繁殖季节，亦常见4~5只或6~7只一起休息和觅食。善游泳，飞行力亦强，但飞行时显得有些笨重。警惕性强，行动极为谨慎小心，休息时群中常有几只“哨鸟”站在较高的地方引颈观望，如有人走近，则一声高叫，随即而飞，其他鸟也立刻起飞。飞行时颈向前伸直，脚贴在腹下，一个接着一个，排列极整齐，呈“一”字或“人”字形，速度缓慢，徐徐向前。边飞边叫，声音洪亮、清晰、单声，但拖得较长，似“嗯－嗯－”声，数里外亦可听见。

记录生境 主要栖息于开阔平原和平原草地上的湖泊、水塘、河流、沼泽及其附近地区，特别是平原上湖泊附近水生植物茂密的地方，有时亦出现在山地平原和河谷地区。冬季则多栖息在大的湖泊、水库、海滨、河口和海湾及其附近草地和农田。

在杭州南湖湿地、北湖草荡、钱塘区十工段、千岛湖等地均有记录。

02 鸳鸯 *Aix galericulata*

别名 中国官鸭、乌仁哈钦、官鸭、匹鸟、邓木鸟

濒危情况 《国家重点保护野生动物名录》二级，近危（NT）

形态特征 小型游禽，体长约44.5厘米；头、背呈灰褐色；颊、喙基、喉白色，上体余部橄榄褐色，尾部转暗褐色；胸侧与两胁棕褐色；腹部与尾下覆羽白色；雌雄异色。

生活习性 一般生活在针叶和阔叶混交林及附近的溪流、沼泽、芦苇塘和湖泊等处，常成群到达繁殖地，刚迁到繁殖地时活动在低山开阔地带的水塘和溪流中，休息时则成群栖息在水边或未融化的冰上。除繁殖期外，常喜成群活动，特别是迁徙季节和冬季，集群多达50~60只，有时达近百只，有时也同其他野鸭混在一起。善游泳和潜水，除在水上活动外，也常到陆地上活动和觅食。

记录生境 在杭州西湖景区、江洋畈生态公园、植物园、北湖草荡、西溪湿地等地均有记录。

03 斑嘴鸭 *Anas zonorhyncha*

别名 中华斑嘴鸭、中国斑嘴鸭、东方斑嘴鸭

濒危情况 列入《国家保护的有益的或者有重要经济、科学研究价值的陆生野生动物名录》，无危（LC）

形态特征 喙蓝黑色，先端黄色，具黑褐色贯眼纹；虹膜黑褐色，外圈橙黄色；眉纹黄白色，头顶、额、枕部暗棕褐色；上背灰褐色，下背褐色；翼镜蓝绿色带紫色金属光泽；胸部棕白色杂褐色斑，腹褐色；腰、尾上覆羽、尾羽黑褐色，尾下覆羽黑色；跗跖和趾棕黄色，爪黑色。雌鸟喙端黄斑不明显，下体自胸以下淡白色，杂暗色斑。因喙端有黄斑而得名。

生活习性 除繁殖期外，常成群活动，也和其他鸭类混群。善游泳，亦善于行走，但很少潜水。活动时常成对或分散成小群游泳于水面，休息时多集中在岸边沙滩或水中小岛上。有时将头反于背上，将喙插于翅下，漂浮于水面休息。清晨和黄昏则成群飞往附近农田、沟渠、水塘和沼泽地上寻食。鸣声洪亮而清脆，很远即可听见。

记录生境 主要栖息在内陆各类大小湖泊、水库、江河、水塘、河口、沙洲和沼泽地带，迁徙期间和冬季也出现在沿海和农田地带。

杭州市最常见的水鸟之一，在西湖景区、江洋畈生态公园、植物园、北湖草荡、西溪湿地、浙江大学紫金港校区、五丰岛等各种江河湖泊水塘水库地均有记录。

04 绿头鸭 *Anas platyrhynchos*

别名 大绿头、大红腿鸭、官鸭、对鸭、大麻鸭、青边、野鸭

濒危情况 列入《国家保护的有益的或者有重要经济、科学研究价值的陆生野生动物名录》，无危（LC）

形态特征 体长约58厘米。雄鸟头绿色，有一白色领环，胸栗色，翼镜蓝绿色，尾上、下覆羽黑色，喙黄绿色，脚橙红色；雌鸟喙橙黄色，贯眼纹黑褐色，全体褐色，有暗褐色斑纹。

生活习性 除繁殖期外常成群活动，特别是迁徙和越冬期间，常集成数十、数百甚至上千只的大群。或是游泳于水面，或是栖息于水边沙洲或岸

上。性好动，活动时常发出“ga-ga-ga-”的叫声，响亮清脆，很远即可听见。

美国生物学家研究发现，绿头鸭具有控制大脑部分保持睡眠、部分保持清醒状态的习性。即绿头鸭在睡眠中可睁一只眼闭一只眼。这是科学家所发现的动物可对睡眠状态进行控制的首例证据。科学家们指出，绿头鸭等鸟类所具备的半睡半醒习性，可帮助它们在危险的环境中逃脱其他动物的捕食。

记录生境 绿头鸭主要栖息于水生植物丰富的湖泊、河流、池塘、沼泽等水域中；冬季和迁徙期间也出现于开阔的湖泊、水库、江河、沙洲和海岸附近沼泽和草地。

杭州市最常见的水鸟之一，在西湖景区、江洋畈生态公园、植物园、北湖草荡、西溪湿地、浙江大学紫金港校区、五丰岛等各种江河湖泊水塘水库地均有记录。

05 绿翅鸭 *Anas crecca*

别名 小凫、小水鸭、小麻鸭、巴鸭、八鸭、小蚬鸭

濒危情况 列入《国家保护的有益的或者有重要经济、科学研究价值的陆生野生动物名录》，无危（LC）

形态特征 雄鸟繁殖羽头和颈深栗色，自眼周往后有一宽阔的具有光泽的绿色带斑，经耳区向下与另一侧的相连于后颈基部。自喙角至眼有一窄的浅棕白色细纹在眼前分别向眼后绿色带斑上下缘延伸，在头侧栗色和绿色之

间形成一条醒目的分界线。上背、两肩的大部分和两胁均为黑白相间的虫蠹状细斑；下背和腰暗褐色，羽缘较淡；尾上覆羽黑褐色，具浅棕色羽缘；尾羽亦为黑褐色，但较为深暗；肩羽外侧乳白色或淡黄色，外翈具绒黑色羽缘；两翅表面大都为暗灰褐色；大覆羽具浅棕色或白色端斑；次级飞羽外侧数枚外翈绒黑色，内侧数枚外翈为金属翠绿色，在翅上形成显著的绿色翼镜；最内一枚外翈灰白色，具宽阔的绒黑色边缘；次级飞羽具白色或灰白色端斑，与大覆羽的白色端斑在翅上形成两道明显的白色带，分别位于翼镜的前后缘。下体棕白色，胸部满杂以黑色小圆点，两胁具黑白相间的虫蠹状细斑，下腹亦微具暗褐色虫蠹状细斑；尾下覆羽两侧前端为绒黑色，后部为乳黄色，中央尾下覆羽绒黑色。非繁殖羽似雌鸟，但翼镜前缘白色部分较宽。

生活习性　喜集群，特别是迁徙季节和冬季，常集成数百甚至上千只的大群活动。飞行疾速、敏捷有力，两翼鼓动快而且声响很大，头向前伸直，常呈直线或“V”字队形。在水面起飞甚为灵巧，有时冲天直上，有时扇动两翅在水面掠过一段距离后才从水中升起。游泳亦很好，但在陆地上行走时显得有些笨拙。

记录生境　杭州市最常见的水鸟之一，在西湖景区、青山湖、江洋畈生态公园、良渚古城遗址公园、北湖草荡、西溪湿地、浙江大学紫金港校区、五丰岛等地均有记录。

06 罗纹鸭 *Mareca falcata*

别名 镰刀鸭、扁头鸭、早鸭、三鸭、葭凫

濒危情况 列入《国家保护的有益的或者有重要经济、科学研究价值的陆生野生动物名录》，近危（NT）

形态特征 体型中等，体长 45 厘米左右。雄鸟的羽毛通常更加鲜艳，头部呈铜绿色并带有金属光泽。而雌鸟的羽毛颜色相对暗淡，头部可能呈现较为沉稳的灰色调。罗纹鸭身体大致呈灰色，胸部和腹部可能为白色或浅灰色。

生活习性 主要栖息在淡水湖泊、河流、沼泽地和湿地等水域环境中。喜欢生活在水质清澈、植被茂盛的湖泊和河流中。主要以水生昆虫、小型鱼类、甲壳类动物、水生植物和其他水生生物为食，通常成对或小群活动，善于在水中游泳和潜水觅食。

记录生境 在杭州西溪湿地、南湖公园、青山湖等地均有记录。

07 琵嘴鸭 *Spatula clypeata*

别名 琵琶嘴鸭、琵琶鸭

濒危情况 列入《国家保护的有益的或者有重要经济、科学研究价值的陆生野生动物名录》，无危（LC）

形态特征 体长 45~50 厘米，体重 400~800 克，繁殖期的雄鸟头部深绿色，胸部白色，两侧和腹部栗色。雌鸟总体黄褐色，翼上覆羽蓝灰色；大且明显的喙将其区分于其他鸭类的雌鸟。

生活习性 一种主要以滤食为主的鸟类。喙部特化成长而宽的形状，类似于琵琶，这使它们能够在水中滤食浮游植物、小型甲壳类和其他水生生物。也可在水下停留较长时间，主要以水中小型生物为食，如螺、软体动物、鱼、水生昆虫等。

记录生境 在杭州北湖草荡、千岛湖、青山湖等地均有记录。

08 白眼潜鸭 *Aythya nyroca*

别名 白眼凫

濒危情况 列入《国家保护的有益的或者有重要经济、科学研究价值的陆生野生动物名录》，近危（NT）

形态特征 体长38~42厘米，体重460~730克。雄鸟头、颈、胸暗栗色，眼白色，上体暗褐色，上腹和尾下覆羽白色，翼镜和翼下覆羽亦为白色，两胁红褐色，肛区两侧黑色。雌鸟与雄鸟基本相似，但颜色较为暗淡。喙为黑灰色或黑色，跗跖银灰色或黑色和橄榄绿色。

生活习性 繁殖期间主要栖息于开阔地区富含水生植物的淡水湖泊、池塘和沼泽地带。冬季主要栖息于大型湖泊、水流缓慢的江河、河口、海湾和河口三角洲。性格胆小而机警，常以成对或小群的形式活动。以植物性食物为主，包括各类水生植物的球茎、叶、芽、嫩枝和种子。此外，它们也食动物性食物，如甲壳类、软体动物、水生昆虫及其幼虫、蠕虫、蛙和小鱼等。

记录生境 在杭州北湖草荡、江海湿地、南湖公园等地均有记录。

鸡形目雉科

09 环颈雉 *Phasianus colchicus*

别名 野鸡、山鸡、七彩山鸡

濒危情况 列入《国家保护的有益的或者有重要经济、科学研究价值的陆生野生动物名录》，无危（LC）

形态特征 雉鸡亚种甚多，个体大小和羽色变化亦大，但基本特征相同，现仅以雉鸡东北亚种为例描述如下：雄鸟前额和上喙基部黑色，富有蓝绿色光泽。头顶棕褐色，眉纹白色，眼先和眼周裸出皮肤绯红色。在眼后裸皮上方，白色眉纹下还有一小块蓝黑色短羽，在相对应的眼下亦有一块更大些的蓝黑色短羽。耳羽丛亦为蓝黑色。颈部有一黑色横带，一直延伸到颈侧与喉部的黑色相连，且具绿色金属光泽。在此黑环下有一比黑环更窄些的白色环

带，一直延伸到前颈，形成一完整的白色颈环，其中前颈比后颈白带更为宽阔。上背羽毛基部紫褐色，具白色羽干纹，端部羽干纹黑色，两侧为金黄色。背和肩栗红色。下背和腰两侧蓝灰色，中部灰绿色，且具黄黑相间排列的波浪形横斑；尾上覆羽黄绿色，部分末梢沾有土红色。小覆羽、中覆羽灰色，大覆羽灰褐色，具栗色羽缘。飞羽褐色，初级飞羽具锯齿形白色横斑，次级飞羽外翈具白色虫蠹斑和横斑。三级飞羽棕褐色，具波浪形白色横斑，外翈羽缘栗色，内翈羽缘棕红色。尾羽黄灰色，除最外侧两对外，均具一系列交错排列的黑色横斑；黑色横斑两端又连接栗色横斑。颏、喉黑色，具蓝绿色金属光泽。胸部呈带紫的铜红色，亦具金属光泽，羽端具有倒置的锚状黑斑或羽干纹。两胁淡黄色，近腹部栗红色，羽端具一大形黑斑。腹黑色。尾下腹羽棕栗色。

生活习性 雉鸡单独或成小群活动，善奔跑，特别是在灌丛中奔走极快，也善于藏匿。见人后一般在地上疾速奔跑，很快进入附近丛林或灌丛，有时奔跑一阵还会停下来看看再走。在迫不得已时才起飞，边飞边发出“咯-咯-咯”的叫声和两翅“扑-扑-扑”的鼓动声。飞行速度较快，也很有力，但一般飞行不持久，飞行距离不长，常呈抛物线式的飞行，落地前滑翔。落地后又急速在灌丛和草丛中奔跑窜行和藏匿，轻易不再起飞，有时人走至跟前才又突然飞起。秋季常集成几只至10多只的小群进入农田、林缘和村庄附近活动和觅食。

记录生境 杭州市最常见的野生雉科鸟类之一，在西湖山区、西溪湿地、北湖草荡等大多数野生生境可见。

䴙䴘目䴙䴘科

10 小䴙䴘 *Tachybaptus ruficollis*

别名 水葫芦、油鸭、油葫芦、王八鸭子

濒危情况 列入《国家保护的有益的或者有重要经济、科学研究价值的陆生野生动物名录》，无危（LC）

形态特征 眼球黑色，虹膜黄色，脚黑色。腿很靠后，所以走路不稳，善游泳和潜水。前面的三根脚趾有蹼。幼鸟的头部沿着颈部有非常明显的白色斑纹。春末到秋季时，成鸟直且尖的喙颜色为黑色，前端有象牙白色，喙基有明显的米黄色。颈侧羽色红褐色，体侧带点黑红褐色，背部羽毛黑色，尾部羽毛白色。冬季时，喙呈土黄色，颈侧呈浅黄色，背部羽毛黑褐色，尾部羽毛白色。

生活习性 栖息于湖泊、池塘、河流等地。食物以小鱼、虾、昆虫等为主。单独或小群在水上游荡，善潜水，一遇惊扰，立即潜入水中。在水生植物丛中营水面巢。性怯懦，常匿居草丛间，或成群在水上游荡，极少上岸，很少飞行，受惊时，会急扇翅膀，贴近水面作短距离飞行。

记录生境 繁殖期在芦苇丛等隐蔽处，以水草营造浮巢。发现有人或掠食动物来到巢穴附近后会将巢中的卵用杂草等盖住，以防止被掠食动物发现。一窝卵 4~8 枚，刚孵出的幼鸟有时候趴在父母背上。幼鸟头部具有鲜明的黑白色条纹，

在学会潜水前主要依靠成鸟提供小鱼、水生昆虫等食物。小鸊鷉幼鸟易受到夜鹭、大型食肉鱼类袭击。

小鸊鷉较为适应人工环境，是杭州最为常见的水鸟之一。在杭州大多数湖泊、水塘中可见。杭州市区的西湖景区、城北体育公园、采荷公园、京杭大运河等地均有记录。

鹈形目鹭科

11 夜鹭 *Nycticorax nycticorax*

别名 水洼子、灰洼子、苍鳽、星鳽、夜鹤、夜游鹤

濒危情况 列入《国家保护的有益的或者有重要经济、科学研究价值的陆生野生动物名录》，无危（LC）

形态特征 额、头顶、枕、羽冠、后颈、肩和背绿黑色而具金属光泽；额基和眉纹白色，头枕部着生有2~3条长带状白色饰羽，长约190毫米，下垂至背上；腰、两翅和尾羽灰色；圆尾，尾羽12枚；颏、喉白色，颊、颈侧、胸和两胁淡灰色，腹白色。幼鸟上体暗褐色，缀有淡棕色羽干纹和白色或棕白色星状端斑。下体白色而满缀以暗褐色细纵纹，尾下覆羽棕白色。虹膜血红色，喙黑色，眼先裸露部分黄绿色，胫裸出部、跗跖和趾角黄色。幼鸟喙先端黑色，基部黄绿色，虹膜红色，眼先绿色，脚黄色。

生活习性 夜出性。喜结群，常成小群于早晨、黄昏和夜间活动，白天结群隐藏于密林中僻静处，或分散成小群栖息在僻静的山坡、水库或湖中小岛上的灌丛或高大树木的枝叶丛中，偶尔也见有单独活动和栖息的。一般缩颈长期站立一处不动，或梳理羽毛或在枝间走动，有时亦单腿站立，身体呈驼背状。如无干扰或未受到威胁，一般不离开隐居地。常常待人走至跟前时才突然从树叶丛中冲出，边飞边鸣，鸣声单调而粗犷。

记录生境 夜鹭较为适应人工环境，是杭州最为常见的水鸟之一。在杭州大多数河流、湖泊中可见。杭州市区的西湖景区、京杭大运河等水域岸边最为常见。

12 池鹭 *Ardeola bacchus*

别名 红毛鹭、中国池鹭、红头鹭鸶、沼鹭

濒危情况 列入《国家保护的有益的或者有重要经济、科学研究价值的陆生野生动物名录》，无危（LC）

形态特征 繁殖羽头、头侧、长的羽冠、颈和前胸与胸侧栗红色，羽端呈分枝状；冠羽甚长，一直延伸到背部，背、肩部羽毛也甚长，呈披针形，颜色蓝黑色，一直延伸到尾；尾短，圆形，白色。颏、喉白色，前颈有一条白线，从下喙下面一直沿前颈向下延伸。下颈有长的栗褐色丝状羽悬垂于胸。腹、两胁、腋羽、翼下覆羽和尾下覆羽以及两翅全为白色。非繁殖羽头顶白色而具密集的褐色条纹，颈淡皮黄色而具厚密的褐色条纹，背和肩羽较繁殖羽为短，颜色为暗黄褐色，胸为淡皮黄色而具密集粗壮的褐色条纹，其余似繁殖羽。头、颈及上胸的羽毛延长，繁殖期羽衣变化大，且冠羽延伸呈矛状，圆尾，尾羽12枚，跗跖粗壮，与中趾（连爪）几乎等长。脚和趾均细长，胫部部分裸露，脚三趾在前一趾在后，中趾的爪上具栉状栉缘。雌雄同色。体形呈纺锤形，体羽疏松，具有丝状蓑羽。虹膜黄色，喙黄色，尖端黑色，基部蓝色，脸和眼先裸露皮肤黄绿色，脚和趾暗黄色。

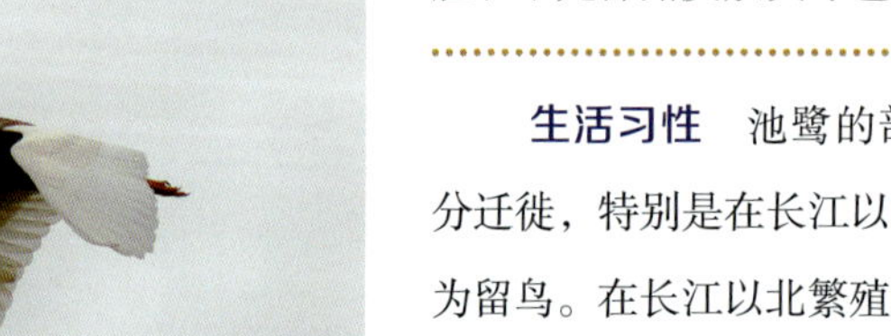

生活习性 池鹭的部分种群为留鸟，部分迁徙，特别是在长江以南繁殖的种群多数都为留鸟。在长江以北繁殖的种群全为夏候鸟。春季通常在4月初到4月中旬迁至北方繁殖地。秋季多于9月末10月初开始往南迁徙；通常

呈分散的小群或家族群往南迁飞。越冬于我国长江以南广东、福建、海南、台湾和东南亚。常单独或成小群活动，有时也集成多达数十只的大群在一起，性较大胆。以动物性食物为主，包括鱼、虾、螺、蛙、泥鳅、水生昆虫、蝗虫等，兼食少量植物性食物。常与夜鹭、白鹭、牛背鹭等一起组成巢群，在竹林、杉林等林木的顶处营巢。白昼或晨昏活动。常站在水边或浅水中，用喙飞快地攫取食物。通常无声，争吵时发出低沉的呱呱叫声。

记录生境 栖息于新湾公园等稻田、池塘、湖泊、水库和沼泽湿地等水域，有时也见于水域附近的竹林和树上，分布海拔达 280~1300 米。

在杭州京杭大运河、江洋畈生态公园、南湖湿地、北湖草荡等地均有记录。

13 苍鹭 *Ardea cinerea*

别名 灰鹳、青庄、灰鹭

濒危情况 列入《国家保护的有益的或者有重要经济、科学研究价值的陆生野生动物名录》，无危（LC）

形态特征 雄鸟头顶中央和颈白色，头顶两侧和枕部黑色。羽冠由 4 根细长的羽毛构成，分列于头顶和枕部两侧，状若辫子，颜色为黑色，前颈中部有 2~3 列纵行黑斑。上体自背至尾上覆羽苍灰色，尾羽暗灰色，两肩有长尖而下垂的苍灰色羽毛，羽端分散，呈白色或近白色。初级飞羽、初级覆羽、

外侧次级飞羽黑灰色，内侧次级飞羽灰色，大覆羽外侧浅灰色，内侧灰色；中覆羽、小覆羽浅灰色，三级飞羽暗灰色，亦具长尖而下垂的羽毛。颏、喉白色，颈的基部有呈披针形的灰白色长羽披散在胸前。胸、腹白色；前胸两侧各有一块大的紫黑色斑，沿胸、腹两侧向后延伸，在肛周处汇合。两胁微缀苍灰色。腋羽及翼下覆羽灰色，腿部羽毛白色。

生活习性 通常在南方繁殖的种群不迁徙，为留鸟，在东北等寒冷地方繁殖的种群冬季都要迁到南方越冬。春季迁来繁殖地的时间多在 3 月末至 4 月初，10 月初至 10 月末迁离繁殖地，少数迟至 11 月初，甚至个别到 11 月中下旬，特别是靠南部繁殖的种群。偶尔亦见有少数个体留在北方繁殖地不迁徙。迁徙时大多呈群，亦有单个和成对迁徙的。成对和成小群活动，迁徙期间和冬季集成大群，有时亦与白鹭混群。常单独涉水于水边浅水处，或长时间在水边站立不动，颈常曲缩于两肩之间，并常以一脚站立，另一脚缩于腹下，站立可达数小时之久而不动。飞行时两翼鼓动缓慢，颈缩成“Z”字形，两脚向后伸直，远远地拖于尾后。晚上多成群栖息于高大的树上。

记录生境 栖息于江河、溪流、湖泊、水塘、海岸等水域岸边及其浅水处，也见于沼泽、稻田、山地、森林和平原荒漠上的水边浅水处和沼泽地上。

苍鹭是杭州市最常见的大型涉禽之一，在钱塘江两岸、西溪湿地、湘湖等地均有记录。

14 白鹭 *Egretta garzetta*

别名 小白鹭

濒危情况 列入《国家保护的有益的或者有重要经济、科学研究价值的陆生野生动物名录》，无危（LC）

形态特征 白鹭属共有5种鸟类，其中大白鹭、中白鹭、小白鹭等体羽皆是全白，通称白鹭。体型中等，具有黄色趾；繁殖羽时，眼先裸皮为粉红色，头部具有两根条状饰羽，背部和胸部具有蓑羽。非繁殖羽时，眼先裸皮为黄绿色，没有头部饰羽和背部蓑羽。雌雄无明显差异。

生活习性　白鹭的羽毛价值高，羽衣多为白色，繁殖季节有颀长的装饰性婚羽。习性与其他鹭类大致相似，但有些种类有求偶表现，包括炫示其羽毛。成大群营巢，又无防御能力，结果因人类的滥捕而濒于灭绝。在乔木或灌木上，或者在地面筑起凌乱的大巢。白鹭常集小群活动于浅水或河滩。常白天于水域觅食，夜晚飞回林地休息。主要以各种小型鱼类为食，也吃虾、蟹、蛙类、软体动物、蝌蚪和水生昆虫等动物性食物。通常漫步在河边、盐田或水田地中边走边啄食，它的长喙、长颈和长腿对于捕食水中的动物显得非常方便。捕食的时候，它轻轻地涉水漫步向前，眼睛一刻不停地望着水里活动的小动物，然后突然地用长喙向水中猛地一啄，将食物准确地啄到嘴里。有时也常伫立于水边，伺机捕食过往的鱼类。

记录生境　白鹭栖息于沿海低海拔地区的湖泊、水塘、岛屿、海岸、海湾、河口及沿海附近的溪流、水稻田和沼泽地带。单独、成对或集成小群活动的情况都能见到，偶尔也有数10只在一起的大群。白天多飞到海岸附近的溪流、江河、盐田和水稻田中活动和觅食。

白鹭是杭州市最常见的涉禽之一，几乎在杭州所有大小型池塘、湖泊、河流生境中有记录。

鹳形目鹮科

15 白琵鹭 *Platalea leucorodia*

别名 琵琶鹭、琵琶嘴鹭

濒危情况 《国家重点保护野生动物名录》二级，近危（NT）

形态特征 体长70~96厘米，体重1130~1960克。其喙长而直，上下扁平，前端扩大呈匙状，黑色，端部黄色；脚亦较长，黑色，胫下部裸出。雄性体型略大于雌性。

生活习性 主要栖息于湖泊、河流、浅滩、水库岸边及其浅水处，常成群活动，偶尔可见单只活动。生性机警，畏惧人类，通常难以接近，主要以小型脊椎动物和无脊椎动物为食，偶尔取食少量植物性食物。会将喙部伸入水中，喙尖直接触到水底左右扫动滤食。

记录生境 在杭州五丰岛、千岛湖、南湖公园等地均有记录。

鲣鸟目鸬鹚科

16 普通鸬鹚 *Phalacrocorax carbo*

别名 黑鱼郎、水老鸦、鱼鹰

濒危情况 列入《国家保护的有益的或者有重要经济、科学研究价值的陆生野生动物名录》，无危（LC）

形态特征 繁殖羽头、颈和羽冠黑色，具紫绿色金属光泽，并杂有白色丝状细羽；上体黑色；两肩、背和翅覆羽铜褐色并具金属光泽；羽缘暗铜

蓝色；尾圆形、尾羽 14 枚，灰黑色，羽干基部灰白色；初级飞羽黑褐色，次级飞羽和三级飞羽灰褐色，缀绿色金属光泽；颊、颏和上喉白色，形成一半环状，后缘沾棕褐色；其余下体蓝黑色，缀金属光泽，下胁有一白色块斑。非繁殖羽似繁殖羽，但头颈无白色丝状羽，两胁无白斑。生殖时期胁两侧各有一个三角形白斑。头部及上颈部分有白色丝状羽毛，后头部有一不很明显的羽冠。

生活习性 多数为留鸟，特别是在我国南方繁殖的种群一般不迁徙；在黄河以北繁殖的种群，冬季一般都要迁到黄河或长江以南地区越冬。春季迁到北方繁殖地的时间一般在 3 月末至 4 月初，秋季一般于 9 月末至 10 月初开始迁离北方繁殖地，往南方越冬地迁徙。迁徙时常集成小群，有时亦有多达近百只的大群。常成小群活动。善游泳和潜水，游泳时颈向上伸得很直、头微向上倾斜，潜水时首先半跃出水面，再翻身潜入水下。飞行时头颈向前伸直，脚伸向后，两翅扇动缓慢，飞行较低，掠水面而过。休息时站在水边岩石上或树上，呈垂直坐立姿势，并不时扇动两翅。性不甚畏人。常在海边、湖滨、淡水中间活动。栖止时，在石头或树桩上久立不动。飞行力很强。除迁徙时期外，一般不离开水域。主要以鱼类和甲壳类动物为食。鸬鹚在捕猎的时候，脑袋扎在水里追踪猎物。鸬鹚的翅膀已经进化到可以帮助划水。因此，鸬鹚在海草丛生的水域主要用脚蹼游水，在清澈的水域或是沙底的水域，鸬鹚就脚蹼和翅膀并用。在能见度低的水里，鸬鹚往往采用偷偷靠近猎物的方式到达猎物身边，突然伸长脖子用喙发出致命一击。这样，无论多么灵活的猎物也绝难逃脱。在昏暗的水下，鸬鹚一般看不清猎物。因此，它只有借助敏锐的听觉才能百发百中。鸬鹚捕到猎物后一定要浮出水面吞咽。繁殖期发出带喉音的咕哝声，其他时候无声。但群栖时彼此间为争夺有利位置发生纠纷时会发出低沉的“咕、咕咕”的叫声。以各种鱼类为食，主要通过潜水捕食。潜水一般不超过 4 米，但能在水下追捕鱼类达 40 秒。有时亦长时间地站立在水边岩石上或树上静静地窥视，发现猎物后再潜入水中追捕。

记录生境 栖息于江海湿地等河流、湖泊、池塘、水库、河口及其沼泽地带。亦常停栖在岩石或树枝上晾翼。野生鸬鹚平时栖息于河川和湖沼中，夏季在近水的岩崖或高树上，或沼泽低地的矮树上营巢，亦常在海边、湖滨、淡水中间活动。

普通鸬鹚在杭州西湖、湘湖、五丰岛等地均有记录。

鹰形目鹰科

17 黑鸢 *Milvus migrans*

别名 鸢

濒危情况 《国家重点保护野生动物名录》二级，无危（LC）

形态特征 前额基部和眼先灰白色，耳羽黑褐色，头顶至后颈棕褐色，具黑褐色羽干纹。上体暗褐色，微具紫色光泽和不甚明显的暗色细横纹和淡色端缘，尾棕褐色，呈浅叉状，其上具有宽度相等的黑色和褐色横带呈相间排列，尾端具淡棕白色羽缘；翅上中覆羽和小覆羽淡褐色，具黑褐色羽干纹；初级覆羽和大覆羽黑褐色，初级飞羽黑褐色，外侧飞羽内翈基部白色，翼下形成一大型白色斑；飞翔时极为醒目。次级飞羽暗褐色，具不甚明显的暗色横斑；下体颏、颊和喉灰白色，具细的暗褐色羽干纹；胸、腹及两胁暗棕褐色，具显著的黑褐色羽干纹，下腹至肛部羽毛稍浅淡，呈棕黄色，几无羽干纹，或羽干纹较细，尾下覆羽灰褐色，翅上覆羽棕褐色。

生活习性 白天活动，常单独在高空飞翔，秋季有时结成2~3只的小群。飞行迅速且有力，能很熟练地利用上升的热气流升入高空长时间地盘旋翱翔。飞行时两翅平伸不动，尾亦散开，像舵一样不断摆动和变换形状以调节飞行方向，两翅亦不时抖动。通常呈圈状盘旋翱翔，边飞边鸣，鸣声尖锐，似吹哨一样，很远即能听到。视觉亦很敏锐，在高空盘旋时即能看到地面动物的活动。性机警，人很难接近。

记录生境 栖息于开阔平原、草地、荒原和低山丘陵地带，也常在城郊、村屯、田野、港湾、湖泊上空活动，偶尔也出现在海拔2000米以上的高山森林和林缘地带。

在杭州千岛湖、青山湖、北湖草荡等地均有记录。

18 苍鹰 *Accipiter gentilis*

别名 鸡鹰、大鹰、鹰等

濒危情况 《国家重点保护野生动物名录》二级，近危（NT）

形态特征 体长可达60厘米，翼展约1.3米。无冠羽或喉中线。上体暗灰褐色，具白色的宽眉纹。下体白，满布狭细轴纹和褐横斑，尾具4~5条暗横斑。

生活习性 栖息于疏林、林缘和灌丛地带，次生林中也较常见。苍鹰是森林猛禽，视觉敏锐，善于飞翔。白天活动。性甚机警，亦善隐藏。主要以

森林鼠类、野兔、雉类、榛鸡、鸠鸽类和其他中小型鸟类为食。

记录生境 在杭州北湖草荡、千岛湖、南湖公园等地均有记录。

19 雀鹰 *Accipiter nisus*

别名 鹞鹰、鹰、鹞子

濒危情况 《国家重点保护野生动物名录》二级，无危（LC）

形态特征 体长30~41厘米。雄鸟上体暗灰色，雌鸟灰褐色，头后杂有少许白色，喉满布褐细纵纹，腹白，有棕色细横斑。雌鸟较雄鸟略大，翅阔而圆，尾较长。

生活习性 栖息于针叶林、混交林、阔叶林等山地森林和林缘地带。非繁殖期常单独生活。以小鸟、鼠类和昆虫为食，亦捕食野兔和蛇。

记录生境 在杭州半山国家森林公园、北湖草荡、南湖公园等地均有记录。

20 松雀鹰 *Accipiter virgatus*

别名 松子鹰、雀贼、雀鹞

濒危情况 《国家重点保护野生动物名录》二级，无危（LC）

形态特征 小型猛禽，体长28~38厘米，翼展60~70厘米，体重130~200克。与其他鹰科鸟类相比，体型较为娇小。成年松雀鹰上身灰褐色，头部和颈部颜色更深，下体具橙色条纹和斑点。雄鸟背部黑石板色至黑褐色，脸颊有深蓝色斑块，胸部和两胁红肉桂色，腹部有条纹，尾下覆羽无斑纹。雌鸟背部偏褐色，眼睛颜色较淡。

生活习性 松雀鹰喜欢单独或成对在较为空旷的地方活动和觅食，常站在林缘高大的枯树顶枝上，伺机偷袭过往小鸟，也以蜥蜴、昆虫和小型啮齿类动物为食，有时甚至捕杀鹌鹑和鸠鸽科的中小型鸟类。

陈直 摄

记录生境 在杭州半山国家森林公园、临平山、天目山等地均有记录。

鸮形目鸱鸮科

21 斑头鸺鹠 *Glaucidium cuculoides*

别名 小猫头鹰、猫王鸟、训狐、流离

濒危情况 《国家重点保护野生动物名录》二级，无危（LC）

形态特征 体长22~25厘米，体重150~240克，虽为小型鸮类，但为鸺鹠中个体较大者。头部灰褐色，有淡色横纹；眉线白色；上体深棕色，饰以淡色横纹至红棕色；肩羽边缘淡色，形成背部的一系列斑点；尾翼和翅膀深棕色，有横纹；下体白色，胸部和中间有白色斑点，其余部分有深浅不一的横纹；眼睛黄色；喙黄绿色，基部颜色更深；脚灰绿色或暗绿色。

生活习性 常栖息于低地及丘陵的小片林地。不同于传统观念上的“夜行性”猫头鹰，斑头鸺鹠在夜晚和白天都可以外出活动或觅食，常单独或成对活动。主要以昆虫、鸟类和小型哺乳类动物为食。

记录生境 在杭州江洋畈森林公园、西溪湿地、植物园等地均有记录。

鹤形目秧鸡科

22 黑水鸡 *Gallinula chloropus*

别名 鷭、江鸡、红骨顶

濒危情况 列入《国家保护的有益的或者有重要经济、科学研究价值的陆生野生动物名录》，无危（LC）

形态特征 雌雄相似，雌鸟稍小。额甲鲜红色，端部圆形。头、颈及上背灰黑色，下背、腰至尾上覆羽和两翅覆羽暗橄榄褐色。飞羽和尾羽黑褐色，第 1 枚初级飞羽外翈及翅缘白色。下体灰黑色，向后逐渐变浅，羽端微缀白色；下腹羽端白色较大，形成黑白相杂的块斑；两胁具宽的白色条纹；尾下覆羽中央黑色，两侧白色。翅下覆羽和腋羽暗褐色，羽端白色。

幼鸟上体棕褐色，飞羽黑褐色。头侧、颈侧棕黄色，颏、喉灰白色，前胸棕褐色，后胸及腹灰白色。

生活习性 常成对或小群活动。善游泳和潜水，频繁游泳和潜水于临近芦苇和水草边的开阔深水面上，遇人立刻游进苇丛或草丛，或潜入水中游至远处再浮出水面，能潜入水中较长时间，潜行距离可达 10 米以上，甚至可以仅将鼻孔露出水面进行呼吸。游泳时身体浮出水面很高，尾常常垂直竖起，并频繁摆动。除非在危急情况，黑水鸡不会轻易起飞，更不会作远距离飞行。其飞行速度缓慢，也飞得不高，常常紧贴水面飞行，飞不多远又落入水面或水草丛中。

记录生境 黑水鸡是杭州最为常见的秧鸡科鸟类之一，在杭州西湖、白马湖、江洋畈生态公园等湖泊生境均有记录。

23 白骨顶 *Fulica atra*

濒危情况 列入《国家保护的有益的或者有重要经济、科学研究价值的陆生野生动物名录》，无危（LC）

形态特征 体重 450~2500 克，体长 32~60 厘米。头小，颈短或适中，颈椎 14~15 节。翅很宽，短圆，第 1 枚初级飞羽较第 2 枚为短。第 2 枚初级飞羽最长，第 1 枚初级飞羽与第 5 枚或第 6 枚初级飞羽等长。尾短，尾羽 6~16 枚，通常 12 枚，尾端方形或圆形，常摇摆或翘起尾羽以显示尾下覆羽的信号色。通常腿、趾均细长，有后趾，用来在漂浮的植物上行走，趾两侧延伸成瓣蹼用来游泳。

生活习性 除繁殖期外，常成群活动，特别是迁徙季节，常成数十甚至上百只的大群，偶尔也见单只和小群活动。有时也和其他鸟类混群栖息和活动。善游泳和潜水，一天的大部时间都游弋在水中。游泳时喜欢穿梭在稀疏的芦苇丛间或在紧靠芦苇和水草边的开阔水面上，并不时地晃动着身子和不住地点头，尾下垂到水面。遇到危险时或是潜入水中，或是进入旁边的芦苇丛和水草丛中躲避，但不久即又出来，危急时则迅速起飞，起飞时需在水面助跑后才能飞起，两翅扇动迅速，并发出呼呼声响。通常飞不多远又落下，而且多贴着水面或苇丛低空飞行。鸣声短促而单调，似“咔咔咔”声，甚为嘈杂。

记录生境 白骨顶是杭州较为常见的秧鸡科鸟类之一，在杭州西湖、白马湖、江洋畈生态公园等湖泊生境均有记录。

24 白胸苦恶鸟 *Amaurornis phoenicurus*

别名 白胸秧鸡、白面鸡、白腹秧鸡

濒危情况 列入《国家保护的有益的或者有重要经济、科学研究价值的陆生野生动物名录》，无危（LC）

形态特征 上体暗石板灰色，两颊、喉至胸、腹均为白色，与上体形成鲜明的黑白对比。下腹和尾下覆羽栗红色。成鸟雌雄相似，雌鸟稍小。头顶、枕、后颈、背和肩暗石板灰色，沾橄榄褐色，并微着绿色光泽。两翅和尾羽橄榄褐色，第1枚初级飞羽外翈具白缘。额、眼先、两颊、颏、喉、前颈、胸至上腹中央均白色，下腹中央白而稍沾红褐色，下腹两侧、肛周和尾下覆羽红棕色。幼鸟面部有模糊的灰色羽尖，上体的橄榄褐色多于石板灰色。

生活习性 白胸苦恶鸟部分为留鸟，部分为夏候鸟。常单独或成对活动，偶尔集成 3~5 只的小群。多在清晨、黄昏和夜间活动。白天常躲藏在芦苇丛或草丛中，轻易不出来。晨昏和晚上活动时常伴随着清脆的鸣叫，善行走，无论在芦苇丛上或地上，行走都很轻快、敏捷。有时也在水中游泳，飞翔力差，平时很少飞翔。迫不得已时，飞行 10 余米或数 10 米又落入草丛。性机警，善隐蔽，白天在植物茂密处或水边草丛中活动。行走时头颈前后伸缩，尾上下摆动。平时很少见其飞翔，受惊后多奔跑隐入草丛中或短距离飞行。飞时头颈伸直，两腿悬垂，起飞笨拙，急速扇翅。发情期和繁殖期常彻夜鸣叫，鸣声似“苦恶、苦恶”，单调重复，清晰嘹亮。常久鸣不息，反复重复这一单调的鸣声。

记录生境 在杭州江洋畈生态公园、西溪国家湿地公园、北湖草荡等地均有记录。

鸻形目鸥科

25 西伯利亚银鸥 *Larus vegae*

别名 织女银鸥

濒危情况 列入《国家保护的有益的或者有重要经济、科学研究价值的陆生野生动物名录》，无危（LC）

形态特征 体长55~73厘米，体重约1100克。身体较为粗壮，翅膀宽阔且长，翼展可达1.3~1.5米。头部和颈部白色，在繁殖季节可能带有一些浅黄色斑纹。背部和翅膀主要是银灰色，初级飞羽颜色较深，近乎黑色，带有白色斑点或边缘，在飞行时非常显眼，形成独特的翼尖图案。腹部为白色，尾巴也是白色，尾羽呈叉状。

生活习性 主要栖息在人迹罕至的沿海悬崖、岛屿以及苔原地带的湖泊和河流地带。西伯利亚银鸥是杂食性鸟类，主要食物包括鱼类、甲壳类动物、软体动物（如虾、蟹、贝类等），还会捕食小型哺乳动物、鸟类以及鸟蛋。此外，它们也会食用一些水生植物和人类丢弃的食物垃圾。

记录生境 在杭州五丰岛、江海湿地、西湖景区等地均有记录。

鸻形目鸻科

26 环颈鸻 *Charadrius alexandrinus*

别名 东方环颈鸻、水扎子

濒危情况 列入《国家保护的有益的或者有重要经济、科学研究价值的陆生野生动物名录》，无危（LC）

形态特征 中小型涉禽。体长16厘米左右，体重32~56克，身体圆润，其颈部具有明显的白色领圈特征。头部和颈部通常呈现较深的灰色或褐色斑纹，与白色的羽毛形成鲜明对比。腿部细长，适合在湿地和沙滩等开阔地带行走和觅食。在飞行时，可以看到翼下具有明显的黑色翼梢。非繁殖期雄性和雌性在外观上通常很相似，缺乏明显的性别区分特征。

生活习性 主要栖息于海滨、岛屿、河滩、池塘、湖泊等湿地环境。尤其喜欢开阔的沙滩、泥滩以及盐沼地带，这些地方有丰富的食物资源，并且提供了适合其活动的开阔空间。主要以昆虫、甲壳类、软体动物等小型无脊

椎动物为食。在沙滩或泥滩上觅食时，通常会采用典型的涉禽觅食方式：快速地小步奔跑，同时眼睛紧盯着地面，一旦发现猎物，就会迅速用细长的喙将其啄起。

记录生境 在杭州江海湿地、南湖公园、十工段等地均有记录。

27 长嘴剑鸻 *Charadrius placidus*

别名 长嘴鸻、剑鸻

濒危情况 列入《国家保护的有益的或者有重要经济、科学研究价值的陆生野生动物名录》，近危（NT）

形态特征 体长 18~24 厘米，体重 57~81 克。背部灰褐色，下体白色，头部前额白色，带有黑色的顶冠纹，领部和眉纹白色，黄色眼圈比金眶鸻窄。雌雄外观相似，但雄鸟的黑色顶冠纹和胸带通常比雌鸟宽大。非繁殖季节成鸟的头部和胸部图案较暗淡，且具棕色眉纹。幼鸟类似非繁殖成鸟，但缺乏成鸟的黑色顶冠纹和胸带，且胸带可能几乎完全缺失。

生活习性 主要活动于内陆水域附近的沼泽、河流、湖泊，也常出现在海岸、河口、水塘等区域。它们多以单独或结成小群体的形式活动，常常沿着水边边走边觅食，主要以半翅目、鞘翅目昆虫和幼虫为食，偶尔也会食用一些植物嫩芽和种子。

记录生境 在杭州五丰岛、江海湿地、南湖公园等地均有记录。

鸻形目鹬科

28 矶鹬 *Actitis hypoleucos*

濒危情况 列入《国家保护的有益的或者有重要经济、科学研究价值的陆生野生动物名录》，无危（LC）

形态特征 头、颈、背、翅覆羽和肩羽橄榄绿褐色具绿灰色光泽。各羽均具细而闪亮的黑褐色羽干纹和端斑，其中尤以翅覆羽、三级飞羽、肩羽、下背和尾上覆羽最为明显。飞羽黑褐色，除第 1 枚初级飞羽外，其他飞羽包括次级飞羽内翈均具白色斑，且越往里白色斑越大，到最后两枚次级飞羽几乎全为白色。翼缘、大覆羽和初级覆羽尖端亦缀有少许白色。中央尾羽橄榄褐色，端部具不甚明显的黑褐色横斑，外侧尾羽灰褐色具白色端斑和白色与黑褐色横斑。眉纹白色，眼先黑褐色。头侧灰白色具细的黑褐色纵纹。颏、喉白色，颈和胸侧灰褐色，前胸微具褐色纵纹，下体余部纯白色。腋羽和翼下覆羽亦为白色，翼下具两道显著的暗色横带。非繁殖羽和繁殖羽相似，但上体较淡，羽轴纹和横斑均不明显，颈和胸微具或不具纵纹，翅覆羽具窄的皮黄色尖端。

生活习性 常单独或成对活动，非繁殖期亦成小群。常活动在多沙石的浅水河滩和水中沙滩或江心小岛上，停息时多栖于水边岩石、河中石头和其他凸出物上，有时也栖于水边树上，停息时尾不断上下摆动。性机警，行走时步履缓慢轻盈，显得不慌不忙，同时频频地上下点头，有时亦常沿水边跑跑停停。受惊后立刻起飞，通常沿水面低飞，飞行时两翅朝下扇动，身体呈弓形。也能滑翔，特别是下落时。常边飞边叫，叫声似“叽－叽－叽－”声。

记录生境 栖息于低山丘陵和山脚平原一带的江河沿岸、湖泊、水库、水塘岸边，也出现于海岸、河口和附近沼泽湿地，特别是迁徙季节和冬季。夏季亦常沿林中溪流进到高山森林地带，如在长白山原始森林就曾上到海拔1800米的高山冰场。

在杭州钱塘江两岸、西溪湿地、钱塘区江海湿地等地均有记录。

29 白腰草鹬 *Tringa ochropus*

濒危情况 列入《国家保护的有益的或者有重要经济、科学研究价值的陆生野生动物名录》，无危（LC）

形态特征 前额、头顶、后颈黑褐色具白色纵纹。上背、肩、翅覆羽和三级飞羽黑褐色，羽缘具白色斑点。下背和腰黑褐色微具白色羽缘；尾上覆羽白色，尾羽亦为白色。除外侧一对尾羽全为白色外，其余尾羽具宽阔的黑

褐色横斑，横斑数目自中央尾羽向两侧逐渐递减，初级飞羽和次级飞羽黑褐色。自喙基至眼上有一白色眉纹，眼先黑褐色。颊、耳羽、颈侧白色具细密的黑褐色纵纹。颏白色，喉和上胸白色密被黑褐色纵纹。胸、腹和尾下覆羽纯白色，胸侧和两胁亦为白色，具黑色斑点。腋羽和翅下覆羽黑褐色具细窄的白色波状横纹。非繁殖羽和繁殖羽基本相似，但体色较淡，上体呈灰褐色，背和肩具不甚明显的皮黄色斑点。虹膜暗褐色，喙灰褐色或暗绿色，尖端黑色，脚橄榄绿色或灰绿色。

生活习性　常单独或成对活动，多活动在水边浅水处、砾石河岸、泥地、沙滩、水田和沼泽地上。迁徙期间也常集成小群在放水翻耕的旱地上觅食，尤其喜欢肥沃多草的浅水田。常上下晃动尾，边走边觅食。遇有干扰亦少起飞，而是首先急走，远离干扰者，然后到有草或乱石处隐蔽。若干扰者继续靠近，则突然冲起，并伴随着“啾哩–啾哩”的鸣叫而飞。飞翔疾速，两翅扇动甚快，常发出“呼呼”声响。

记录生境　繁殖季节主要栖息于山地或平原森林中的湖泊、河流、沼泽和水塘附近，海拔可达3000米左右。非繁殖期主要栖息于沿海、河口、湖泊、河流、水塘、农田与沼泽地带。

在杭州南湖湿地公园、西溪湿地、北湖草荡等地均有记录。

鸽形目鸠鸽科

30 山斑鸠 *Streptopelia orientalis*

别名 斑鸠、金背斑鸠、麒麟鸠、雉鸠、麒麟斑、花翼

濒危情况 列入《国家保护的有益的或者有重要经济、科学研究价值的陆生野生动物名录》，无危（LC）

形态特征 雌雄相似。前额和头顶前部蓝灰色，头顶后部至后颈转为沾栗色的棕灰色，颈基两侧各有一块羽缘为蓝灰色的黑羽，形成显著黑灰色颈斑。上背褐色，各羽缘为红褐色；下背和腰蓝灰色，尾上覆羽和尾同为褐色，具蓝灰色羽端，愈向外侧蓝灰色羽端愈宽阔。最外侧尾羽外翈灰白色。肩和内侧飞羽黑褐色，具红褐色羽缘；外侧中覆羽和大覆羽深石板灰色，羽端较淡；飞羽黑褐色，羽缘较淡。下体为葡萄酒红褐色，颏、喉棕色沾粉红色，胸沾灰色，腹淡灰色，两胁、腋羽及尾下覆羽蓝灰色。虹

膜金黄色或橙色，喙铅蓝色，脚洋红色。

生活习性 常成对或成小群活动，有时成对栖息于树上，或成对一起飞行和觅食。如伤其雌鸟，雄鸟惊飞后数度飞回原处上空盘旋鸣叫。在地面活动时十分活跃，常小步迅速前进，边走边觅食，头前后摆动。飞翔时两翅鼓动频繁，直而迅速。有时亦滑翔，特别是从树上往地面飞行时。鸣声低沉，其声似“ku–ku–ku”，反复重复多次。

主要以各种植物的果实、种子、草子、嫩叶、幼芽为食，也吃稻谷、玉米、高粱等农作物，以及幼小螺蛳等，偶尔还会捕食鳞翅目幼虫、甲虫等昆虫。觅食多在林下地上、林缘和农田耕地。冬天，乌鸫吐出的樟树籽硬核是山斑鸠的重要食物来源。

记录生境 栖息于低山丘陵、平原和山地阔叶林、混交林、次生林、果园和农田耕地，以及宅旁竹林和树上。

杭州多分布于临平山、超山、石牛山等地。

31 珠颈斑鸠 *Spilopelia chinensis*

别名 鸪雕、鸪鸟、中斑、花斑鸠、花脖斑鸠、珍珠鸠、斑颈鸠、珠颈鸽

濒危情况 列入《国家保护的有益的或者有重要经济、科学研究价值的陆生野生动物名录》，无危（LC）

形态特征 前额淡蓝灰色，向头顶逐渐变为淡粉红灰色；枕、头侧和颈粉红色，后颈有一大块黑色领斑，其上布满白色或黄白色珠状的细小斑点，上体余部褐色，羽缘较淡。中央尾羽与背同色，但较深；外侧尾羽黑色，具宽阔的白色端斑。翼缘、外侧小覆羽和中覆羽蓝灰色，其余覆羽较背为淡。飞羽深褐色，羽缘较淡。颏白色，头侧、喉、胸及腹粉红色；两胁、翅下覆羽、腋羽和尾下覆羽灰色。

生活习性 留鸟。常成小群活动，有时亦与其他斑鸠混群。常三三两两分散栖息于相邻的树枝头。栖息环境较为固定，如无干扰，可以较长时间不变。觅食多在地上，受惊后立刻飞到附近树上。飞行快速，两翅扇动较快但不能持久。鸣声响亮，鸣叫时作点头状，鸣声似“ku-ku-u-o”，反复鸣叫。

记录生境 栖息于有稀疏树木生长的平原、草地、低山丘陵和农田地带，也常出现于村庄附近的杂木林、竹林及地边树上。

珠颈斑鸠是杭州最常见的鸟类之一，几乎在杭州所有绿地公园都可以见到。

佛法僧目翠鸟科

32 普通翠鸟 *Alcedo atthis*

别名 鱼虎、鱼狗、钓鱼翁、金鸟仔、大翠鸟、蓝翡翠、秦椒嘴

濒危情况 列入《国家保护的有益的或者有重要经济、科学研究价值的陆生野生动物名录》，无危（LC）

形态特征 雄鸟前额、头顶、枕和后颈黑绿色，密被翠蓝色细窄横斑。眼先和贯眼纹黑褐色。前额侧部、颊、眼后和耳覆羽栗棕红色，耳覆羽后有一白色斑。颧纹翠蓝绿黑色，背至尾上覆羽辉翠蓝色。尾短小，表面暗蓝绿色，下面黑褐色。肩蓝绿色，飞羽除第 1 枚初级飞羽全为黑褐色外，其余飞羽黑褐色，外翈边缘呈暗蓝色。翅上覆羽亦为暗蓝色，并具翠蓝色斑纹，两翅折合时表面为蓝绿色。颏、喉白色，胸灰棕色，腹至尾下覆羽红棕色或棕栗色，腹中央有时较浅淡。雌鸟上体羽色较雄鸟稍淡，多蓝色，少绿色。头顶部为

绿褐色而呈灰蓝色。胸、腹棕红色，但较雄鸟为淡，且胸无灰色。幼鸟羽色较苍淡，上体较少蓝色光泽，下体羽色较淡，沾较多褐色，腹中央污白色。虹膜土褐色，喙黑色，脚和趾朱红色，爪黑色。

生活习性 留鸟。常单独活动，一般多停息在河边树桩和岩石上，有时也在临近河边小树的低枝上停息。经常长时间一动不动地注视着水面，一旦发现水中有鱼虾，便以极为迅速而凶猛的姿势扎入水中用喙捕取。有时亦鼓动两翼悬浮于空中，低头注视着水面，发现食物即刻直入水中，迅速捕获猎物。通常将猎物带回栖息地，在树枝上或石头上摔打，待鱼死后，再整条吞食。有时也沿水面低空直线飞行，飞行速度甚快，常边飞边叫。

记录生境 主要栖息于林区溪流、平原河谷、水库、水塘、甚至水田岸边。

在杭州环境较为良好的水域可见，其中市区的城东公园、上城区森林公园、江洋畈生态公园内的水域均有记录。

啄木鸟目啄木鸟科

33 棕腹啄木鸟 *Dendrocopos hyperythrus*

濒危情况 列入《国家保护的有益的或者有重要经济、科学研究价值的陆生野生动物名录》，无危（LC）

形态特征 体长17~20厘米，体重25~35克。头顶及项深红色；背部为黑、白横斑相间；腰至中央尾羽黑色；外侧一对尾羽白而具黑横斑。贯眼纹及颏白色，下体余部大都呈淡赭石色，仅尾下覆羽粉红色。翼上小覆羽黑色，翅余部大都黑色而缀白色点斑，内侧三级飞羽具白横斑。雌鸟头顶部为黑、白相杂。

生活习性 啄木鸟是一种攀禽，它的脚趾两前两后，各趾都有锐爪，适于攀住树木；尾羽的羽干又硬又直，它能以尾羽撑在树干上，帮助脚以支持体重。所以啄木鸟不仅能攀登树木，有时还能绕着树干旋转着攀登。在攀登的过程中，啄木鸟用强直如凿的喙急速地叩木，使树木发出“笃–笃–笃！”的声音。如果发现树干的某处有虫，啄木鸟就紧紧地攀在树上，用喙将树皮啄破，再用细长、先端有钩的舌头将虫钩出来吃掉。

记录生境 在杭州植物园有记录。

34 灰头绿啄木鸟 *Picus canus*

别名 山啄木、黄啄木、绿啄木

濒危情况 列入《国家保护的有益的或者有重要经济、科学研究价值的陆生野生动物名录》，无危（LC）

形态特征 体长约 27 厘米。雄鸟额红色，头颈灰色，枕部暗灰色杂以黑色羽干纹。眼先和髭纹黑色。上体至背部橄榄绿色，腰和尾上覆羽绿黄色，下体灰绿色。雌雄相似，但雌鸟额无红斑。

生活习性 主要栖息于低山阔叶林和混交林，也出现于次生林和林缘地带，很少到原始针叶林中。常单独或成对活动，很少成群。飞行迅速，呈波浪式前进。

记录生境 在杭州天目山、西湖山区、下沙湿地公园等地均有记录。

雀形目山椒鸟科

35 小灰山椒鸟 *Pericrocotus cantonensis*

濒危情况 列入《国家保护的有益的或者有重要经济、科学研究价值的陆生野生动物名录》，无危（LC）

形态特征 雄鸟额和头前部白色，有的向后延伸至眼后，形成一短的眉纹，眼先黑色。头顶后部、枕、背暗灰色或灰黑色，背褐灰色或灰黑色，腰至尾上覆羽沙褐色。两翼黑褐色，大覆羽具窄的白色羽缘。内侧初级飞羽中部至基部和次级飞羽基部具黄白色或灰白色翼斑，有的标本此斑不明显。中央尾羽黑褐色，次一对同色具白色端斑，此白斑从第二对中央尾羽起向两侧逐渐扩大，到最外侧一对尾羽时几全为白色。眼下方、脸颊、耳

下方和侧颈白色。下体颏、喉、腹亦为白色。胸和两胁亦为白色缀有淡褐灰色，翼缘白色。

生活习性 常成群活动在高大的树上，有时亦见在树丛间飞翔，边飞边叫，鸣声清脆。停留时常单独或成对栖于大树顶层侧枝或枯枝上。飞翔呈波浪形前进。迁徙期间有时集成数 10 只的大群，但多呈松散的队形边飞边鸣叫或分散在树上活动和捕食，很少下到地面活动。常缓慢地向前飞行。有时亦在村落中少有的几棵孤立大树上停息。

记录生境 在杭州西溪湿地、江洋畈生态公园、北湖草荡等地均有记录。

36 灰喉山椒鸟 *Pericrocotus solaris*

别名 十字鸟

濒危情况 列入《国家保护的有益的或者有重要经济、科学研究价值的陆生野生动物名录》，无危（LC）

形态特征 体长 12~20 厘米，体重 13~16 克。成年雄鸟的头部、肩部以及大部分翅膀为铅黑色，下巴呈淡灰色，喉咙呈橙色，腹部从橙红色到鲜橙色。雌鸟类似，但橙色部分为黄色，上体颜色较为淡雅。幼鸟类似雌鸟，但背部具有黄橄榄色的条纹或斑点。

生活习性 栖息于开阔森林，包括常绿和湿润落叶林，有时也出现在针叶林中，冬季时会下降至湿润森林地带。通常集群活动，主要以捕食小昆虫为主，包括白蚁等有翅昆虫。它们也会加入混合种群，与小型鹎和其他食虫鸟一起觅食。

记录生境 在杭州冠山公园、黄公望国家森林公园、半山森林公园等地均有记录。

雀形目伯劳科

37 红尾伯劳 *Lanius cristatus*

别名 褐伯劳、土虎伯劳、花虎伯劳、小伯劳

濒危情况 列入《国家保护的有益的或者有重要经济、科学研究价值的陆生野生动物名录》，无危（LC）

形态特征 红尾伯劳普通亚种额和头顶前部淡灰色（指名亚种额和头顶红棕色），头顶至后颈灰褐色。上背、肩暗灰褐色（指名亚种棕褐色），下背、腰棕褐色。尾上覆羽棕红色，尾羽棕褐色具有隐约可见不甚明显的暗褐色横斑。两翅黑褐色，内侧覆羽暗灰褐色，外侧覆羽黑褐色，中覆羽、大覆羽和内侧飞羽外翈具棕白色羽缘和先端。翅缘白色，眼先、眼周至耳区黑色，连结成一显著的黑色贯眼纹从喙基经眼直到耳后。眼上方至耳羽上方有一窄

的白色眉纹。颏、喉和颊白色，其余下体棕白色，两胁较多棕色，腋羽亦为棕白色。

生活习性 单独或成对活动，性活泼，常在枝头跳跃或飞上飞下。有时亦高高地站立在小树顶端或电线上静静注视四周，待有猎物出现时，才突然飞去捕猎，然后再飞回原来的栖木上栖息。常在较固定的栖点（树枝、电线）停栖，环顾四周以猎捕地表的小动物和昆虫。该猎点的较粗树枝的树皮会被剥光，供其用树皮纤维筑巢。繁殖期间则常站在小树顶端仰首翘尾地高声鸣唱，鸣声粗犷、响亮、激昂有力，有时边鸣唱边突然飞向树顶上空，快速地扇动翅膀原地飞翔一阵后又落入枝头继续鸣唱，见到人后立刻往下飞入茂密的枝叶丛中或灌丛中。

记录生境 在杭州白马湖、五常湿地、北湖草荡等地均有记录。

38 棕背伯劳 *Lanius schach*

别名 海南鵙、大红背伯劳、桂来姆

濒危情况 列入《国家保护的有益的或者有重要经济、科学研究价值的陆生野生动物名录》，无危（LC）

形态特征 前额黑色，眼先、眼周和耳羽黑色，形成一条宽阔的黑色贯眼纹，头顶至上背灰色（西南亚种黑色）。下背、肩、腰和尾上覆羽棕

色，翅上覆羽黑色，大覆羽具窄的棕色羽缘。飞羽黑色，内侧飞羽外翈羽缘棕色，初级飞羽基部白色或棕白色，形成白色翅斑并明显露出于翅覆羽外。尾羽黑色，外侧尾羽外翈具棕色羽缘和端斑。颏、喉和腹中部白色，其余下体淡棕色或棕白色，两胁和尾下覆羽棕红色或浅棕色。虹膜暗褐色，喙、脚黑色。

生活习性 留鸟。除繁殖期成对活动外，多单独活动。常见在林旁、农田、果园、河谷、路旁和林缘地带的乔木树上与灌丛中活动，有时也见在田间和路边的电线上东张西望，一旦发现猎物，立刻飞去追捕，然后返回原处吞吃。性凶猛，不仅善于捕食昆虫，也能捕杀小鸟、蛙和啮齿类动物。领域性甚强，特别是繁殖期间，常常保卫自己的领域而驱赶入侵者，当见到人或情绪激动时，尾常向两边不停地摆动。

记录生境 主要栖息于低山丘陵和山脚平原地区，夏季可上到海拔2000米左右的中山次生阔叶林和混交林的林缘地带。有时也到园林、农田、村宅河流附近活动。

杭州市最常见的伯劳之一，在各绿地、公园均可见到。

雀形目卷尾科

39 发冠卷尾 *Dicrurus hottentottus*

别名 卷尾燕、山黎鸡、黑铁练甲、大鱼尾燕

濒危情况 列入《国家保护的有益的或者有重要经济、科学研究价值的陆生野生动物名录》，无危（LC）

形态特征 雄性成鸟（繁殖羽）全身羽绒黑色，缀蓝绿色金属光泽；前额、眼先和眼后呈绒黑色毛状羽；耳羽绒黑色；前额顶基部中央着生 10 多条丝发状冠羽，其基部约 1/3 处发羽具细小丝状分支；繁殖期间，丝发状冠羽最长者可达 112 毫米，并披向后颈延伸到上背部；头顶前部两侧羽稍延长侧冠羽；颈侧部羽呈披针状，具蓝紫色金属光泽；枕、后颈、背、肩和腰纯黑色，稍沾金属光泽；尾上覆羽和尾羽纯黑色，尾羽具铜绿色光泽；尾呈叉状尾，最外侧一对末端稍向外曲并向内上方卷曲；翅飞羽及翅上覆羽纯黑色，具铜绿色光泽。下体纯黑色；颏部羽呈绒毛状；喉部具紫蓝色金属光泽的滴状斑；腹及尾下覆羽微具光泽。

生活习性 单独或成对活动，很少成群。主要在树冠层活动和觅食，树栖性。飞行较其他卷尾快而有力，飞行姿势亦较优雅，常常是先向上飞，在空中作短暂停留后，才快速降落到树上，如发现空中飞行的昆虫，立刻飞去捕食。鸣声单调、尖厉而多变。还常见到成对相互追逐。雄鸟善鸣叫，声音多变，被激怒时鸣叫会嘈杂而喧闹，但是清晨愉悦时鸣叫声非常悦耳。成对边飞边叫，时而急速向上空飞行，在空中翻腾，而后快速向低空作“燕式”滑翔。

记录生境 发冠卷尾为林栖鸟类，栖息于海拔 1500 米以下的低山丘陵和山脚沟谷地带，多在常绿阔叶林、次生林或人工松林中活动，有时也出现在林缘疏林、村落和农田附近的小块丛林与树上。在我国西藏东南部墨脱栖息于海拔 1000 米以下的热带林区；在贵州活动于海拔 350~1100 米处；在陕西见于秦岭南坡栖于丘陵以及高山上；在河北和北京，夏季营巢繁殖于西部和西北部山区，在百花山北坡，栖息在海拔 700~1500 米，活动于丘陵及山区高大树林中。

在杭州植物园、西溪湿地、江洋畈生态公园均有记录。

雀形目鸦科

40 松鸦 *Garrulus glandarius*

别名 山和尚

濒危情况 列入《国家保护的有益的或者有重要经济、科学研究价值的陆生野生动物名录》，无危（LC）

形态特征 小型鸦类，体长约320毫米，外形与生活习性均似乌鸦，但羽毛鲜丽，整体近粉褐色，具白色下背、腰及喉羽；下体淡棕色。从下喙至颈侧有1条宽黑纹；翅为黑白两色，各羽基部外缘饰以翠蓝色与黑色相间的、发金属光泽的羽片，构成艳丽的块状斑；尾黑色。喙黑，粗壮而直，上喙先端具缺刻。鼻须较乌鸦短。腿和脚淡褐色。

生活习性 除繁殖期多见成对活动外，其他季节多集成 3~5 只的小群四处游荡，栖息在树顶上，多躲藏在树叶丛中，不时在树枝间跳来跳去或从一棵树飞向另一棵树，间或发出粗犷而单调的叫声，特别是在从一棵树飞向另一棵树时。叫声似“gar-gar-ar”。当有人或进到村屯附近时一般不鸣叫，冬季鸣叫亦少。

记录生境 在杭州植物园、西溪湿地、小坞水库等地均有记录。

41 红嘴蓝鹊 *Urocissa erythroryncha*

别名 赤尾山鸦、长尾山鹊、长尾巴练、长山鹊、山鷓

濒危情况 列入《国家保护的有益的或者有重要经济、科学研究价值的陆生野生动物名录》，无危（LC）

形态特征 体态优雅别致，极具观赏性。雌雄羽色相似。前额、头顶至后颈、头侧、颈侧、颏、喉和上胸全为黑色，顶至后颈各羽具白色、蓝白色或紫灰色羽端，且从头顶往后此端斑越来越扩大，形成一个从头顶至后颈，有时甚至到上背中央的大型块斑。背、肩、腰紫蓝灰色或灰蓝色沾褐色，尾上覆羽淡紫蓝色或淡蓝灰色、具黑色端斑和白色次端斑。尾长，呈凸状。中央尾羽蓝灰色具白色端斑，其余尾羽紫蓝色或蓝灰色、具白色端斑和黑色次端斑。两翅黑褐色，初级飞羽外翈基部紫蓝色，末端白色，次级飞羽内外翈均具白色端斑，外翈羽缘紫蓝色。下体喉、胸黑色，其余

下体白色、有时沾蓝色或沾黄色。虹膜橘红色，喙和脚红色。

生活习性 性喜群栖，经常成对或成3~5只或10余只的小群活动。性活泼而嘈杂，常在枝间跳上跳下或在树间飞来飞去，飞翔时多呈滑翔姿势，从山上滑到山下，从树上滑到树下，或从一棵树滑向另一棵树，纵跳前进。滑翔时两翅平伸，尾羽展开，有时在一阵滑翔之后又伴随着鼓翼飞翔，特别是在受惊时常吃力地鼓动着两翼向山上逃窜。叫声尖锐，似“zha-zha-”声。

记录生境 主要栖息于山区常绿阔叶林、针叶林、针阔叶混交林和次生林等各种不同类型的森林中，也见于竹林、林缘疏林和村旁、地边树上。垂直分布从山脚平原、低山丘陵到海拔3500米左右的高原山地。

在杭州植物园、西溪湿地、江洋畈生态公园均有记录。

42 灰树鹊 *Dendrocitta formosae*

濒危情况 列入《国家保护的有益的或者有重要经济、科学研究价值的陆生野生动物名录》，无危（LC）

形态特征 额、眼先、眼上黑色，头的两侧、颏、喉暗烟褐色，头顶至后颈灰色。背、肩棕褐或灰褐色，腰及尾上覆羽灰色或灰白沾褐色。翅和翅上覆羽黑色，除第 1 和第 2 枚初级飞羽外，所有初级飞羽基部均有一白色斑，在翅上形成明显的白色翅斑，飞翔时更为明显。尾羽黑色或中央一对尾羽暗灰色，端部黑色，外侧尾羽黑色，其最基部亦为灰色。两胁和腹灰色或灰白色，尾下覆羽栗色，覆腿羽褐色。虹膜红色或红褐色，喙、脚黑色。

生活习性 常成对或成小群活动。树栖性，多栖于高大乔木顶枝上，喜不停地在树枝间跳跃，或从一棵树飞到另一棵树，喜鸣叫，叫声尖厉而喧闹。

记录生境 在杭州植物园、北湖草荡、西溪湿地等地均有记录。

43 喜鹊 *Pica serica*

别名 普通喜鹊、欧亚喜鹊、鹊、客鹊、飞驳鸟、干鹊、鸴、雤、鹎鸴

濒危情况 列入《国家保护的有益的或者有重要经济、科学研究价值的陆生野生动物名录》，无危（LC）

形态特征 体长 40~50 厘米，雌雄羽色相似，头、颈、背至尾均为黑色，并自前往后分别呈现紫色、绿蓝色、绿色等光泽，双翅黑色而在翼肩有一大型白斑，尾远较翅长，呈楔形，喙、腿、脚纯黑色，腹面以胸为界，前黑后白。

生活习性 喜鹊除繁殖期间成对活动外，常成 3~5 只的小群活动，秋冬季节常集成数 10 只的大群。白天常到农田等开阔地区觅食，傍晚飞至附近高大的树上休息，有时亦见与乌鸦、寒鸦混群活动。性机警，觅食时常有一鸟负责守卫，即使成对觅食时，亦多是轮流分工守候和觅食。雄鸟在地上找食则雌鸟站在高处守望，雌鸟取食则雄鸟守望，如发现危险，守望的鸟发出惊叫声，同觅食鸟一同飞走。飞翔能力较强且持久，飞行时整个身体和尾呈一直线，尾巴稍微张开，两翅缓慢地鼓动着，雌雄鸟常保持一定距离，在地上活动时则以跳跃式前进。鸣声单调、响亮，似“zha- zha-zha”声，常边飞边鸣叫。当成群时，叫声甚为嘈杂。

记录生境　喜鹊是适应能力比较强的鸟类，在山区、平原都有栖息，无论是荒野、农田、郊区、城市、公园和花园都能看到它们的身影。但是一个普遍规律是人类活动越多的地方，喜鹊种群的数量往往也就越多，而在人迹罕至的密林中则难见该物种的身影。喜鹊常结成大群成对活动，白天在旷野农田觅食，夜间在高大乔木的顶端栖息。喜鹊是很有人缘的鸟类之一，喜欢把巢筑在民宅旁的大树上，在居民点附近活动。

喜鹊和灰喜鹊都是杭州市区最为常见的鸟类之一，几乎可以在杭州市所有的绿地公园均可见到。

雀形目山雀科

44 黄腹山雀 *Periparus venustulus*

别名 采花鸟、黄豆崽、黄点儿

濒危情况 列入《国家保护的有益的或者有重要经济、科学研究价值的陆生野生动物名录》，无危（LC）

形态特征 雄鸟额、眼先、头顶、枕、后颈一直到上背黑色具蓝色金属光泽，后颈具一白色、有时微沾黄色的白色块斑，脸颊、耳羽和颈侧白色，在头侧形成大块白斑。下背、腰、肩亮蓝灰色，腰较浅淡，翅上覆羽黑褐色，中覆羽和大覆羽具白而微沾黄色的端斑，在翅上形成两道明显的翅斑；飞羽暗褐色，除外侧两枚初级飞羽外，其余飞羽外翈羽缘灰绿色，三级飞羽先端黄白色。尾上覆羽和尾羽黑色，最外侧一对尾羽外翈近基处大部白色，其余外侧尾羽外翈中部白色。颏、喉和上胸黑色微具蓝色金属光泽，下胸和腹鲜黄色，两肋黄绿色，尾下覆羽黄色，腋羽和翅下覆羽白色有时微沾黄色。

生活习性 除繁殖期成对或单独活动外，其他时候成群，常成10~30只的群体在高大的阔叶树或针叶树上，有时也与大山雀等其他鸟类混群。多数时候在树枝间跳跃穿梭，或在树冠间飞来飞去，频频发出"嗞－嗞－嗞"的叫声。

记录生境 在杭州植物园、天目山、北湖草荡等地均有记录。

45 大山雀 *Parus minor*

濒危情况 列入《国家保护的有益的或者有重要经济、科学研究价值的陆生野生动物名录》，无危（LC）

形态特征 体长13~15厘米，前额、眼先、头顶、枕和后颈上部辉蓝黑色，眼以下呈一近似三角形的白斑，上背和两肩黄绿色，下背至尾上覆羽蓝灰色，中央一对尾羽亦为蓝灰色，羽干黑色。

生活习性 较活泼而大胆，不甚畏人。行动敏捷，常在树枝间穿梭跳跃，或从一棵树飞到另一棵树上，也会在地面寻找食物。主要以昆虫幼虫为食，此外也吃少量蜘蛛、蜗牛等其他小型无脊椎动物和草籽、花等植物性食物。

记录生境 在杭州柳浪闻莺公园、江洋畈生态公园、南湖公园等城市公园中较为常见。

雀形目鹎科

46 绿翅短脚鹎 *Ixos mcclellandii*

濒危情况 列入《国家保护的有益的或者有重要经济、科学研究价值的陆生野生动物名录》，无危（LC）

形态特征 额至头顶、枕栗褐色或棕褐色，羽形尖，先端具明显的白色羽轴纹，到头顶后部白色羽轴纹逐渐不显和消失，颈浅栗褐色。背、肩、腰橄榄绿色（指名亚种）、橄榄褐色或灰褐色、微沾橄榄绿色（云南亚种）或橄榄棕色（华南亚种）。尾橄榄绿色，两翅覆羽橄榄绿色，飞羽暗褐色或黑褐色，外翈橄榄绿色。眼先沾灰白色，耳羽、颊锈色或红褐色，颈侧较耳

羽稍深。颏、喉灰色，胸浅棕色或灰棕色，从颏至胸有白色纵纹，其余下体棕白色或淡棕黄色，两胁淡灰棕色，尾下覆羽淡黄色，翼缘淡黄色或橄榄绿色，翼下覆羽棕白色。

生活习性　主要以野生植物果实与种子为食，也吃部分昆虫，食性较杂。植物性食物主要有野樱桃、乌饭果、榕果、草莓、黄泡果、蔷薇果、鸡嗉子果、草籽等。动物性食物主要有膜翅目、鞘翅目、同翅目、双翅目、直翅目昆虫，如蜂、蚱蜢、斑蝥等。

记录生境　栖息在海拔 1000~3000 米的山地阔叶林、针阔叶混交林、次生林、林缘疏林、竹林、稀树灌丛和灌丛草地等各类生境中，尤以林缘疏林和沟谷地带较常见，有时也出现在村寨和田边附近丛林中或树上。

在杭州西湖山区、天目山、半山国家森林公园等地均有记录。

47 黑短脚鹎 *Hypsipetes leucocephalus*

濒危情况 列入《国家保护的有益的或者有重要经济、科学研究价值的陆生野生动物名录》，无危（LC）

形态特征 羽色变化较大，基本上可以分为两种类型。一种前额、头顶、头侧、颈、颏、喉等整个头、颈部均为白色（东南亚种），有的白色一直到胸（四川亚种）；其余上体从背至尾上覆羽黑色，羽缘具蓝绿色光泽，翅上覆羽与背同色，飞羽和尾羽黑褐色；下体自胸或自腹往后黑褐色或黑色，尾下覆羽暗褐色具灰白色羽缘。另一种通体全黑色或黑褐色，上体羽缘亦具蓝绿色光泽，有的背和下体较灰。

生活习性 常单独或成小群活动，有时亦集成大群，特别是冬季，集群有时达 100 只以上，偶尔也见和黄臀鹎混群。性活泼，常在树冠上来回不停

地飞翔，有时也在树枝间跳来跳去，或站于枝头。偶尔也见栖立于电线上，很少到地上活动。善鸣叫，有时站在树顶梢鸣叫，有时成群边飞边鸣，鸣声粗厉，单调而多变，显得较为嘈杂。

记录生境 在杭州江洋畈生态公园、小营公园、小坞水库等地均有记录。

48 栗背短脚鹎 *Hemixos castanonotus*

濒危情况 列入《国家保护的有益的或者有重要经济、科学研究价值的陆生野生动物名录》，无危（LC）

形态特征 体长 18~22 厘米。上体栗褐色，头顶和羽冠黑色。背栗色，翅和尾暗褐色具白色或灰白色羽缘。颏、喉白色，胸和两胁灰白色，腹中央和尾下覆羽白色。

生活习性 主要栖息在低山丘陵地区的次生阔叶林、林缘灌丛和稀树草坡灌丛及地边丛林等生境中。常成对或小群活动于乔木树冠层，主要以植物性食物为食，包括灯笼果、乌饭果等植物果实与种子，同时也会食用鞘翅目、双翅目、鳞翅目、膜翅目、直翅目等昆虫。

记录生境 在杭州超山、黄公望森林公园、天钟山等地均有记录。

49 领雀嘴鹎 *Spizixos semitorques*

濒危情况 列入《国家保护的有益的或者有重要经济、科学研究价值的陆生野生动物名录》，无危（LC）

形态特征 额、头顶黑色（台湾亚种灰色），额基近鼻孔处和下喙基部各有一小束白羽，颊和耳羽黑色具白色细纹。头两侧略杂以灰白色，后头和颈部逐渐转为深灰色。背、肩、腰和尾上覆羽橄榄绿色，尾上覆羽稍浅淡，尾橄榄黄色，具宽阔的暗褐至黑褐色端斑。翅上覆羽与背相似，外表呈褐绿色或暗橄榄黄色，飞羽暗褐色，外翈橄榄黄绿色。颏、喉黑色，其后围以半环状白环，延伸至颈的两侧到耳后，胸和两胁橄榄绿色，腹和尾下覆羽鲜黄色。有的在下胸两侧和腹侧有不明显的纵纹。虹膜灰褐色或红褐色，喙粗短，上嘴略向下弯曲，灰黄色或肉黄色，脚淡灰褐色或褐色。

生活习性 常成群活动，有时也见单独或成对活动的，鸣声婉转悦耳。

记录生境 在杭州半山森林公园、天目山、西湖山区等地均有记录。

50 黄臀鹎 *Pycnonotus xanthorrhous*

濒危情况 列入《国家保护的有益的或者有重要经济、科学研究价值的陆生野生动物名录》，无危（LC）

形态特征 额、头顶、枕、眼先、眼周均为黑色，额和头顶微具光泽，下喙基部两侧各有一红色小斑点。耳羽灰褐色或棕褐色，背、肩、腰至尾上覆羽土褐色或褐色，两翅和尾暗褐色，飞羽具淡色羽缘，尾羽具不明显的明暗相间的横斑或无横斑。有的外侧尾羽具窄的白色尖端。颏、喉白色，喉侧具不明显的黑色髭纹。其余下体污白色或乳白色，上胸灰褐色，形成一条宽的灰褐色或褐色环带，两胁灰褐色或烟褐色，尾下覆羽深黄色或金黄色。

生活习性 常作季节性的垂直迁移，夏季多沿河谷上到山中部地区，海拔随地区而不同，如在云南西部，夏季可出现在海拔 2800~3000 米的中低山地带，在玉龙山是海拔 2400~3100 米地带的常见种。冬季则下到山脚平原，在林缘、山坡灌丛和村落附近亦是常见鸟类。除繁殖期成对活动外，其他季节均成群活动，晚上成群、成排地栖息在树枝或竹枝上过夜。通常 3~5 只一群，亦见有 10 多只至 20 只的大群，有时亦见与白喉红臀鹎、红耳鹎混群。善鸣叫，鸣声清脆洪亮。

记录生境 主要栖息于中低山和山脚平坝与丘陵地区的次

生阔叶林、栎林、混交林和林缘地区，尤其喜欢沟谷林、林缘疏林灌丛、稀树草坡等开阔地区。也出现于竹林、果园、农田地边与村落附近的小块丛林和灌木丛中，不喜欢茂密的大森林。

在杭州千岛湖、天目山、青山湖森林公园等地均有记录。

51 白头鹎 *Pycnonotus sinensis*

别名 白头翁、白头婆

濒危情况 列入《国家保护的有益的或者有重要经济、科学研究价值的陆生野生动物名录》，无危（LC）

形态特征 额至头顶纯黑色而富有光泽，头顶两侧自眼后开始各有一条白纹，向后延伸至枕部相连，形成一条宽阔的枕环，有的标本枕羽具黑端，有的头顶后和枕全白色（两广亚种无白色枕环，额至枕全黑色）。颊、耳羽、颧纹黑褐色，耳羽后部转为污白色或灰白色。上体褐灰色或橄榄灰色，具黄绿色羽缘，使上体形成不明显的暗色纵纹。尾和两翅暗褐色具黄绿色羽缘。颏、喉白色，胸淡灰褐色，形成一道不明显的淡灰褐色横带。其

余下体白色或灰白色，羽缘黄绿色，形成稀疏而不明显的黄绿色纵纹。

生活习性　常呈 3~5 只至 10 多只的小群活动，冬季有时亦集成 20~30 多只的大群。多在灌木和小树上活动，性活泼，不甚怕人，常在树枝间跳跃，或飞翔于相邻树木间，一般不作长距离飞行。

记录生境　主要栖息于海拔 1000 米以下的低山丘陵和平原地区的灌丛、草地、有零星树木的疏林荒坡、果园、村落、农田地边灌丛、次生林和竹林，也见于山脚和低山地区的阔叶林、混交林和针叶林及其林缘地带。

杭州市区最常见的鸟类，几乎在杭州市所有绿地公园、行道树旁均可见到。

雀形目燕科

52 家燕 *Hirundo rustica*

别名 燕子、拙燕

濒危情况 列入《国家保护的有益的或者有重要经济、科学研究价值的陆生野生动物名录》，无危（LC）

形态特征 雌雄羽色相似。前额深栗色，上体从头顶一直到尾上覆羽均为蓝黑色而富有金属光泽。两翼小覆羽、内侧覆羽和内侧飞羽亦为蓝黑色而富有金属光泽。初级飞羽、次级飞羽和尾羽黑褐色微具蓝色光泽，飞羽狭长。尾长，呈深叉状。最外侧一对尾羽特形延长，其余尾羽由两侧向中央依次递减，除中央一对尾羽外，所有尾羽内翈均具一大型白斑，飞行时尾平展，其内翈上的白斑相互连成“V”字形。颏、喉和上胸栗色或棕栗色，其后有一黑色环带，有的黑环在中段被侵入栗色中断，下胸、腹和尾下覆羽白色或棕白色，也有呈淡棕色和淡赭桂色的，随亚种而不同，但均无斑纹；尾深叉形。虹膜暗褐色，喙黑褐色，短小而扁阔，跗跖和趾黑色，较纤弱；雌雄相似。幼鸟和成鸟相似，但尾较短，羽色亦较暗淡。

生活习性 常成群栖息，低声细碎鸣叫，善飞行，白天大部分时间在栖息地附近飞行，喜飞行中捕食，不善啄食。主要以昆虫为食，包括蚊、蝇、虻、蛾、叶蝉、象甲等农林害虫。善飞行，整天大多数时间都成群地在村庄及附近的田野上空不停地飞翔，飞行迅速敏捷，有时飞得很高，像鹰一样在空中翱翔，有时又紧贴水面一闪而过，时东时西，忽上忽下，没有固定飞行方向，有时还不停地发出尖锐而急促的叫声。活动范围不大，通常在栖息地 2 平方千米范围内活动。每日活动时间较长，据在长白山的观察，一般早晨 4：00 多即开始活动，直到傍晚 19：00 才停止活动。其中尤以 7：00~8：00 和 17：00~18：00 最为活跃，中午常作短暂休息。有时亦与金腰燕一起活动。

记录生境 家燕是一种夏候鸟，常栖息于人类居住的环境，如房顶、电线杆等人工构筑物上、村落附近，常成对或成群地栖息于村屯中的房顶以及附近的河滩和田野里。

杭州市最常见的“燕子”之一，在众多人居环境可见。

53 金腰燕 *Cecropis daurica*

别名 黄腰燕、赤腰燕、花燕儿

濒危情况 列入《国家保护的有益的或者有重要经济、科学研究价值的陆生野生动物名录》，无危（LC）

形态特征 雌雄羽色相似。上体从前额、头顶一直到背均为蓝绿色而具金属光泽，有的后颈杂有栗黄色或棕栗色，形成领环，有的后颈微杂棕栗色。腰栗黄色或棕栗色，不同程度具有黑色羽干纹，有的腰部黑色羽干纹不明显或几无纵纹。尾长，最外侧一对尾羽最长，往内依次缩短，尾呈深叉状，尾羽为黑褐色，除最外侧一对尾羽外，其余尾羽外侧微具蓝黑色

金属光泽。两翅小覆羽和中覆羽与背同色，其余外侧覆羽和飞羽黑褐色，内侧羽缘稍淡，外侧微具光泽。眼先棕灰色，羽端沾黑色，颊和耳羽棕色具暗褐色羽干纹。下体棕白色，满杂以黑色纵纹，尾下覆羽纵纹细而疏，羽端亦为辉蓝黑色。

生活习性　在我国主要为夏候鸟，每年迁来我国的时间随地区而不同。南方较早，北方较晚。秋季南迁的时间多在 9 月末至 10 月初，少数迟至 11 月末才迁走。主要栖于低丘陵和平原，常成群活动，少者几只、十余只，多者数十只，迁徙期间有时集成数百只的大群。性极活跃，喜欢飞翔，大部分时间几乎都在村庄和附近田野及水面上空飞翔。飞行轻盈而悠闲，有时也能像鹰一样在天空翱翔和滑翔，有时又像闪电一样掠水而过，飞行极为迅速而灵巧。休息时多停歇在房顶、屋檐和房前屋后湿地上和电线上，并常发出“唧唧”的叫声。

记录生境　生活习性与家燕相似，栖息于低山及平原地区的村庄、城镇等居民住宅区附近，生活于山脚坡地、草坪，也围绕树林附近的平房、高大建筑物、工厂飞翔，栖在空旷地区的树上，尤其喜栖在无叶的枝条或枯枝上。

常见于杭州城市公园中的绿地、树林附近以及高大建筑物附近。

雀形目长尾山雀科

54 红头长尾山雀 *Aegithalos concinnus*

别名 红头山雀、小熊猫

濒危情况 列入《国家保护的有益的或者有重要经济、科学研究价值的陆生野生动物名录》，无危（LC）

形态特征 雌雄羽色相似，但因亚种不同而羽色略有变化。其中指名亚种额、头顶和后颈栗红色，眼先、头侧和颈侧黑色；其余上体暗蓝灰色，腰部羽端浅棕色，飞羽黑褐色，除第1、第2枚飞羽外，其余飞羽外翈具蓝灰色羽缘，内侧次级飞羽内翈微沾玫瑰红色，初级覆羽黑褐色。中央尾羽微沾蓝灰色或棕色，尾黑褐色，中央尾羽微沾蓝灰色，最外侧3对尾羽具楔状白色端斑，最外侧一对尾羽外翈白色，其余尾羽外翈羽缘蓝灰色。颏、喉白色，喉部中央有一大型绒黑色块斑；胸、腹亦为白色，胸部有一宽的栗红色胸带，两胁和尾下覆羽亦为栗红色，腋羽和翼下覆羽白色。云南亚种和指名亚种大致相似，但头顶栗红色较淡，胸带和两胁栗红色较暗且胸

带亦较细窄。西藏亚种和指名亚种相似，但具白色眉纹，眉纹以下，眼先、眼周和耳羽黑色。颏和颚纹白色，喉有一黑斑，其余下体淡棕黄色，胸部有一淡色横带，位于黑色喉部和淡棕黄色胸部之间。虹膜橘黄色，喙蓝黑色，脚棕褐色。

生活习性 红头长尾山雀是一种山林留鸟，主要栖息于山地森林和灌木林间，也见于果园、茶园等人类居住地附近的小树林内。常 10 余只或数 10 只成群活动。性活泼，常从一棵树突然飞至另一树，不停地在枝叶间跳跃或来回飞翔觅食。边取食边不停地鸣叫，叫声低弱，似“吱－吱－吱”。主要以鞘翅目和鳞翅目等昆虫为食。

记录生境 主要栖息于山地森林和灌木林间，也见于果园、茶园等人类居住地附近的小树林内。

杭州市最常见的小型鸟类之一，分布在各山地森林及郊区公园等地。

55 银喉长尾山雀 *Aegithalos caudatus*

别名 洋红儿、十姐妹、团子

濒危情况 列入《国家保护的有益的或者有重要经济、科学研究价值的陆生野生动物名录》，无危（LC）

形态特征 体长约 16 厘米，外表可爱美丽。成体头部白色，肩、下背、腰、尾下覆羽、两胁葡萄红色，上背、两翼、尾上覆羽和尾羽黑色，翼上有白色斑块。幼鸟头两侧至背部黑褐色，头顶中央白色，下体灰白沾红色。

生活习性 栖息于山地针叶林或针阔混交林中。繁殖期外结成小群至大群，常见于树冠或灌丛顶部。主要啄食昆虫，食物中约有 95% 是落叶松鞘蛾、天蛾、尺蠖等危害森林的害虫，对林木保护有益。

记录生境 在杭州半山国家森林公园、独城生态园、西溪湿地等地均有记录。

雀形目柳莺科

56 黄眉柳莺 *Phylloscopus inornatus*

别名 树串儿、槐串儿、树叶儿

濒危情况 列入《国家保护的有益的或者有重要经济、科学研究价值的陆生野生动物名录》，无危（LC）

形态特征 体长10厘米左右，体型纤小。上体橄榄绿色，眉纹黄白色，穿眼纹黑褐色，头顶有一黄绿色不明显的中央线，翼上具两道浅黄白色横斑，下体白色而沾黄绿色。

生活习性 栖息于高原、山地和平原地带的森林中。常在枝间不停地穿飞捕虫，有时飞离枝头扇翅，将昆虫轰赶起来，再追上去啄食。

记录生境 在杭州临平山、康乐园、航坞公园等地均有记录。

57 黄腰柳莺 *Phylloscopus proregulus*

别名 槐树串儿、黄腰丝、树叶儿、白目眶丝

濒危情况 列入《国家保护的有益的或者有重要经济、科学研究价值的陆生野生动物名录》，无危（LC）

形态特征 体长8~11厘米，上体橄榄绿色，腰部黄色；头顶黄色中央线明显，眉纹淡黄色，穿眼纹暗褐色。两翅和尾黑褐色，外翈羽缘黄绿色。

生活习性 主要栖息于针叶林和针阔叶混交林，从山脚平原一直到山上的林缘疏林地带皆有栖息。单独或成对活动在高大的树冠层中。性活泼，行动敏捷，常在树冠枝叶间跳来跳去寻觅食物，食物主要为昆虫。

记录生境 在杭州天钟山、阳陂湖、江海湿地等地均有记录。

58 冠纹柳莺 *Phylloscopus claudiae*

别名 克氏冠纹柳莺、克氏柳莺

濒危情况 列入《国家保护的有益的或者有重要经济、科学研究价值的陆生野生动物名录》，无危（LC）

形态特征 体长约10厘米，体重6~10克。头顶较暗，稍沾灰黑色，中央冠纹淡黄色，眉纹长而明显，呈淡黄色，眼纹暗褐色，颊和耳羽淡黄色和暗褐色相杂。上体橄榄绿色，翅膀和尾部的羽毛黑褐色，各羽外翈边缘与背同色，最外侧两对尾羽的内翈具白色狭缘，大覆羽和中覆羽的尖端淡黄绿色，形成两道翅上翼斑。下体白色，微沾灰色，胸部稍缀以黄色条纹，尾下覆羽为沾黄的白色。

生活习性 主要栖息于温带森林的茂密林区。除繁殖季节成对或单只活动外，多见 3~5 只成小群活动，或和其他柳莺混群觅食，多活动在树冠层、林下灌丛、草丛中，尤其在河谷、溪流和林缘疏林灌丛及小树丛中常见。主要以昆虫和昆虫幼虫为食。

记录生境 在杭州白马湖、贤明山、五丰岛等地均有记录。

雀形目树莺科

59 强脚树莺 *Horornis fortipes*

别名 山树莺、告春鸟、棕胁树莺

濒危情况 列入《国家保护的有益的或者有重要经济、科学研究价值的陆生野生动物名录》，无危（LC）

形态特征 体长约15厘米，雄鸟和雌鸟在羽毛上的颜色较为相似，通常呈现出绿色或黄绿色。头部有灰色帽盖，喙部较为粗壮，适合捕食坚果、种子等硬壳食物。翅膀上具有明显的金黄色或橙黄色斑块，是其命名的原因之一。

生活习性 主要栖息于开阔的森林、灌木丛、农田以及城市公园等地区。喜欢栖息在树木丛中，尤其是有丰富植被的地方。主要以种子、果实和昆虫为食。通常在树枝上或灌木丛中筑巢。通常成对或成小群活动。雄性和雌性合作进行繁殖活动，雌鸟负责孵化卵并照料幼鸟，而雄鸟则负责守卫领地和提供食物。

记录生境 在杭州白马湖、阳陂湖、临平山等地均有记录。

60 棕脸鹟莺 *Abroscopus albogularis*

别名 棕面莺、棕面鹟莺

濒危情况 列入《国家保护的有益的或者有重要经济、科学研究价值的陆生野生动物名录》，无危（LC）

形态特征 体长 8~9 厘米，体重 4.7~5 克，喙较宽。雌雄羽色相似。前额、头侧、颈侧淡茶黄栗色，头顶和枕淡赭橄榄色或棕褐色，头顶两侧各有一长的黑色纵纹从前额一直延伸到枕侧。背、肩和翅上黄橄榄绿色，腰淡黄白色。飞羽褐色或黑褐色，外翈羽缘亮黄绿色。尾淡褐色或淡棕褐色，羽缘淡绿色。颏黄色，喉白色杂以黑色纵纹，形成黑白斑驳状。上胸黄色，常常形成一条窄的黄色胸带，横跨于上胸。两胁和尾下覆羽黄色，其余下体白色，腋羽和翅下覆羽淡黄色。虹膜栗褐色，上喙褐色或淡褐色，下喙黄色，脚绿灰色。

生活习性 主要栖息于海拔 2500 米以下的阔叶林和竹林中，多在树林和竹林的上层活动，也会到林下灌木和林缘疏林中穿梭。主要以毛虫、蚱蜢等鞘翅目、鳞翅目、直翅目等昆虫及其幼虫为食，也会食用蝗虫、甲虫、蜘蛛等其他无脊椎动物性食物。

记录生境 在杭州半山国家森林公园、江洋畈生态公园、天目山等地均有记录。

雀形目扇尾莺科

61 纯色山鹪莺 *Prinia inornata*

濒危情况 列入《国家保护的有益的或者有重要经济、科学研究价值的陆生野生动物名录》，无危（LC）

形态特征 体长11~14厘米。全身纯浅黄褐色，尾长。繁殖羽具浅色眉纹，上体灰褐色，飞羽羽缘红棕色，尾长，呈凸状，下体淡皮黄色，非繁殖羽尾较长，上体红棕褐色，下体淡棕色，虹膜浅褐色，喙黑色，脚粉红色。

生活习性 有几分傲气而活泼的鸟，结小群活动，常于树上、草茎间或在飞行时鸣叫。在香港不如黄腹鹪莺普遍。平时在地面附近觅食，觅食环境较灰头鹪莺开阔。主要以甲虫、蚂蚁等鞘翅目、膜翅目、鳞翅目昆虫及其幼虫为食，也吃少量小型无脊椎动物和杂草种子等植物性食物。

记录生境 栖息于高草丛、芦苇地、沼泽、玉米地及稻田。

在杭州北湖草荡、雁荡湿地、江洋畈生态公园等地均有分布。

雀形目雀鹛科

62 淡眉雀鹛 *Alcippe hueti*

濒危情况 无危（LC）

形态特征 体长 13~15 厘米。头、颈褐灰色，头侧和颈侧深灰色，头顶两侧有不明显的暗色侧冠纹，灰白色眼圈在暗灰色的头侧甚为醒目。上体包括两翅和尾表面橄榄褐色。颏、喉浅灰色，胸以下白色。

生活习性 除繁殖期成对活动外，常成 5~7 只至 10 余只的小群，有时亦见与其他小鸟混群，频繁地在树枝间跳跃或飞来飞去，有时也沿粗的树枝或在地上奔跑捕食。常常发出“唧－唧－唧－唧…”的单调叫声。

记录生境 在杭州植物园、西湖山区、天目湖等地均有分布。

雀形目噪鹛科

63 黑脸噪鹛 *Pterorhinus perspicillatus*

濒危情况 列入《国家保护的有益的或者有重要经济、科学研究价值的陆生野生动物名录》，无危（LC）

形态特征 成鸟体长 28~31.5 厘米，体重 100~132 克。上体呈暗灰色，腹部灰褐色，喉部和胸部淡棕色，带有模糊的暗棕色斑点。胸中至腹部颜色渐变为脏黄色，臀部红褐色。头部灰褐色，带有大面积黑色面罩，覆盖额头、眼周和耳羽。翅膀和尾巴为中棕色，尾巴末端稍带红褐色。虹膜为深棕色至红棕色，喙为暗角质色，腿为灰褐色至红角质色。雌雄相似，幼鸟的面罩较淡，冠部和颈背略带棕色，下体颜色较暖。

生活习性 以小群出现，通常为 6~12 只，活跃于灌丛、竹丛、芦苇地、农田边缘及城镇公园。取食多在地面进行，主要以昆虫为食，但也吃其他无脊椎动物、植物果实、种子和部分农作物。性情活跃，鸣叫频繁，尤其在夏季。

记录生境 在杭州植物园、西湖山区、天目湖等地均有分布。

64 画眉 *Garrulax canorus*

别名 金画眉、文武鸟、京兆鸟等

濒危情况 《国家重点保护野生动物名录》二级，近危（NT）

形态特征 体长 21~25 厘米，体重 49~75 克。额部棕色略带黄色，头顶具深褐色纵纹；有一圈醒目的白色眼环并向后延伸出一条线，形成白色弧形眉纹，这也是画眉名称的由来。翼上覆羽橄榄褐色，飞羽暗褐色；胸部有黑色纵向斑纹；腹部污灰色，其余下体为棕黄色；尾羽暗褐色且具有不明显的深褐色横斑。

生活习性 主要栖息在低山丘陵和山脚平原地带的阔叶林、混交林。常单独或成对活动，冬季一般成对或以家族小群活动。飞行能力较弱，不善作远距离飞行，善跳跃，性喜隐匿，极机警。主要以昆虫为食，如蝗虫、象甲、椿象、松毛虫、蛴螬、蚂蚁、鳞翅目天社蛾幼虫和其他蛾类的幼虫等害虫，兼食蚯蚓等其他小型无脊椎动物以及少数蜂类等益虫。秋季以后，大多以植物种子等为食，例如草籽、野果等。

记录生境 在杭州天目山、临平山、江洋畈生态公园等地均有记录。

65 红嘴相思鸟 *Leiothrix lutea*

别名 相思鸟、爱情鸟、红嘴玉

濒危情况 《国家重点保护野生动物名录》二级，无危（LC）

形态特征 体长13~16厘米。喙赤红色，上体暗灰绿色，眼先、眼周淡黄色，耳羽浅灰色或橄榄灰色。两翅具黄色和红色翅斑，尾叉状，黑色，颏、喉黄色，胸橙黄色。

生活习性 主要栖息于亚热带和热带地区的山地森林、针叶林、阔叶林以及灌木丛等环境中。主要以昆虫、小型节肢动物、果实、花蜜和植物的花粉为食。它们灵活机敏地在树木间觅食，有时也会在地面上觅食。因其羽色艳丽，体态玲珑，歌声优美，成双入对，早在我国古代就被视为爱情的象征。

记录生境 在杭州半山国家森林公园、江洋畈生态公园、植物园等地均有记录。

雀形目林鹛科

66 红头穗鹛 *Cyanoderma ruficeps*

别名 红顶穗鹛、红头小鹛

濒危情况 列入《国家保护的有益的或者有重要经济、科学研究价值的陆生野生动物名录》，无危（LC）

形态特征 体长10~12厘米，体重7~13克。头顶部有明显的亮红褐色的顶冠。上体包括两翅和尾表面灰橄榄绿色或淡橄榄褐色而沾绿色，飞羽暗褐色，外翈羽缘橄榄黄色或茶黄色，内侧飞羽外翈羽缘与背同色，尾上覆羽较背稍浅，尾褐色或暗褐色。腹、两胁和尾下覆羽橄榄绿色，腋羽和翼下覆羽白色沾黄色。

生活习性 主要栖息于温带森林中的密集灌木丛或竹林，生性活泼，有时结小群活动。主要以昆虫为食，食物包括鞘翅目、鳞翅目、直翅目、膜翅目、双翅目、半翅目等昆虫和昆虫幼虫，偶尔也会食用少量植物果实与种子。它们觅食时会在地面或树枝间跳跃前进，用喙翻动植物叶片或落叶来寻找食物。

记录生境 在杭州植物园、青山湖、天目山等地均有记录。

雀形目鸦雀科

67 棕头鸦雀 *Suthora webbiana*

濒危情况 列入《国家保护的有益的或者有重要经济、科学研究价值的陆生野生动物名录》，无危（LC）

形态特征 雌雄羽色相似。额、头顶至后颈有时直到上背均为红棕色或棕色，头顶羽色稍深，眼先、颊、耳羽和夹侧棕栗色或暗灰色。背、肩、腰和尾上覆羽棕褐色或橄榄褐色，有的微沾灰色，呈橄榄灰褐色。尾羽暗褐色，基部外翈羽缘橄榄褐色或稍沾橄榄褐色，中央一对尾羽多为橄榄褐色具隐约可见的暗色横斑。两翅覆羽棕红色或与背相似，飞羽多为褐色或暗褐色，除小覆羽和第 1 枚飞羽外，其余各羽外翈均缀有深淡不一的栗色或栗红色，往先端逐渐变淡，内翈羽缘淡棕色或淡玫瑰棕色。颏、喉、胸粉红棕色或淡棕色具细微的暗红棕色纵纹，腹、两胁和尾下覆羽橄榄褐色或灰褐色，腹中部淡棕黄色或棕白色。虹膜暗褐色，喙黑褐色，脚铅褐色。

生活习性 常成对或成小群活动，秋冬季节有时也集成 20 或 30 多只乃至更大的群。性活泼而大胆，不甚怕人，常在灌木或小树枝叶间攀缘跳跃，或从一棵树飞向另一棵树，一般都短距离低空飞翔，不作长距离飞行。常边飞边叫或边跳边叫，鸣声低沉而急速，较为嘈杂。

记录生境 主要栖息于海拔 1500~2000 米的中低山阔叶林和混交林林缘灌丛地带，也栖息于疏林草坡、竹丛、矮树丛和高草丛中，冬季多下到山脚和平原地带的地边灌丛、果园、庭院、苗圃和芦苇沼泽中活动，甚至出现于城镇公园，一般不进入茂密的大森林内。

在杭州北湖草荡、西溪湿地、江洋畈生态公园等地均有记录。

雀形目绣眼鸟科

68 暗绿绣眼鸟 *Zosterops simplex*

别名 日本绣眼鸟、绣眼儿、粉眼儿、白眼儿、白目眶、粉燕儿

濒危情况 无危（LC）

形态特征 雌雄鸟羽色相似。从额基至尾上覆羽均为草绿色或暗黄绿色，前额沾有较多黄色且更为鲜亮，眼周有一圈白色绒状短羽，眼先和眼圈下方有一细的黑色纹，耳羽、脸颊黄绿色。翅上内侧覆羽与背同色，外侧覆羽和飞羽暗褐色或黑褐色，除小翼羽和第 1 枚短小的退化初级飞羽外，其余覆羽和飞羽外翈均具草绿色羽缘，尤以大覆羽和三级飞羽草绿色羽缘较宽。尾暗褐色，外翈羽缘草绿色或黄绿色。颏、喉、上胸和颈侧鲜柠檬黄色，下胸和两胁苍白色，腹中央近白色，尾下覆羽淡柠檬黄色，腋羽和翅下覆羽白色，有时腋羽微沾淡黄色。

生活习性 常单独、成对或成小群活动，迁徙季节和冬季喜欢成群，有时集群多达 50~60 只。在次生林和灌丛枝叶与花丛间穿梭跳跃，或从一棵树飞到另一棵树，有时围绕着枝叶团团转或通过两翅的急速振动而悬浮于花上，活动时发出“嗞嗞”的细弱声音。

记录生境 在杭州半山森林公园、植物园、西湖山区等地均有记录。

雀形目椋鸟科

69 八哥 *Acridotheres cristatellus*

别名 黑八哥、鸲鹆、寒皋、凤头八哥、了哥仔

濒危情况 列入《国家保护的有益的或者有重要经济、科学研究价值的陆生野生动物名录》，无危（LC）

形态特征 体型大，通体乌黑色，雌雄同型，鼻须及矛状额羽呈簇状耸立于喙基，形如冠状，头顶至后颈、头侧、颊和耳羽呈矛状，绒黑色具蓝绿色金属光泽，其余上体缀有淡紫褐色，不如头部黑而辉亮。两翅与背同色，初级覆羽先端和初级飞羽基部白色，形成宽阔的白色翅斑，飞翔时尤为明显。尾端有狭窄的白色，尾羽绒黑色，除中央一对尾羽外，均具白色端斑。下体暗灰黑色，肛周和尾下覆羽具白色端斑。虹膜橙黄色，喙乳黄色，脚黄色。

生活习性 留鸟。野生八哥食性杂，终年兼食动物性与植物性的食物。主要以蝗虫、蚱蜢、金龟子、蛇、毛虫、地老虎、蝇、虱等昆虫及其幼虫为食，也吃谷粒、植物果实和种子等植物性食物。往往追随农民和耕牛后边啄食犁翻出土面的蚯蚓、昆虫、蠕虫等，又喜啄食牛背上的虻、蝇和壁虱，也捕食像蝗虫、金龟子、蝼蛄等昆虫。八哥的植物性食物多数是各种植物及杂草种子，以及榕果、蔬菜茎叶。

记录生境 在杭州采荷公园、独城生态园等均有记录。

70 丝光椋鸟 *Spodiopsar sericeus*

别名 牛屎八哥、丝毛椋鸟

濒危情况 列入《国家保护的有益的或者有重要经济、科学研究价值的陆生野生动物名录》，无危（LC）

形态特征 雄鸟整个头和颈白色微缀有灰色，有时还沾有皮黄色，羽毛狭窄而尖长呈矛状，披散至上颈，悬垂于上胸。背灰色，颈基处较暗，往后逐渐变浅，到腰和尾上覆羽为淡灰色。肩外缘白色。两翅和尾黑色，具蓝绿色金属光泽，小覆羽具宽的灰色羽缘，初级飞羽基部有显著白斑，外侧大覆羽具白色羽缘。头侧、颏、喉和颈侧白色，上胸暗灰色，有的向颈侧延伸至后颈，形成一个不甚明显的暗灰色环。下胸和两胁灰色，腹至尾下覆羽白色，腋羽和翅下覆羽亦为白色。

生活习性 留鸟，部分在巢后期游荡。喜结群于地面觅食，取食植物果实、种子和昆虫，爱栖息于电线、丛林、果园及农耕区，筑巢于洞穴中。冬季聚大群活动，夏季数量少，迁徙时成大群。常在地上觅食，有时亦见和其他鸟类一起在农田和草地上觅食。性较胆怯，见人即飞，鸣声清甜、响亮。

记录生境 杭州最常见的椋鸟之一，常成群出现。在采荷公园、独城生态园、康乐园等地均有记录。

71 灰椋鸟 *Spodiopsar cineraceus*

别名 高粱头

濒危情况 列入《国家保护的有益的或者有重要经济、科学研究价值的陆生野生动物名录》，无危（LC）

形态特征 雄鸟自额、头顶、头侧、后颈和颈侧黑色微具光泽，额和头顶前部杂有白色，眼先和眼周灰白色杂有黑色，颊和耳羽白色亦杂有黑色。背、肩、腰和翅上覆羽灰褐色，小翼羽和大覆羽黑褐色，飞羽黑褐色，初级飞羽外翈具狭窄的灰白色羽缘，次级和三级飞羽外翈白色羽缘变宽。尾上覆羽白色，中央尾羽灰褐色，外侧尾羽黑褐色，内翈先端白色。颏白色，喉、前颈和上胸灰黑色，具不甚明显的灰白色矛状条纹。下胸、两胁和腹淡灰褐色，腹中部和尾下覆羽白色。翼下覆羽白色，腋羽灰黑色，杂有白色羽端。

生活习性 性喜成群，除繁殖期成对活动外，其他时候多成群活动。常在草甸、河谷、农田等潮湿地上觅食，休息时多栖于电线上、电杆上和树木枯枝上。平原地区常结群活动，在山区多活动于开阔地段，接近农田、水田的林缘。飞行迅速，整群飞行。鸣声低微而单调。当一只受惊起飞，其他则纷纷响应，整群而起。

记录生境 主要栖息于低山丘陵和开阔平原地带的疏林草甸、河谷阔叶林，散生在林缘灌丛和次生阔叶林，也栖息于农田、路边和居民点附近的小块丛林中。我国为黑龙江以南至辽宁、河北、内蒙古以及黄河流域一带的夏候鸟，迁徙及越冬时普遍见于东部至华南广大地区。

在杭州良渚古城遗址公园、北湖草荡、十工段等地均有记录。

72 黑领椋鸟 *Gracupica nigricollis*

濒危情况 列入《国家保护的有益的或者有重要经济、科学研究价值的陆生野生动物名录》，无危（LC）

形态特征 头白色，颈黑色，与下喉和上胸的黑色相连，形成一宽阔的黑色领环，领后颈黑色领环后有一窄的白环。背和尾上覆羽黑褐色或褐色，具灰色或白色尖端，但此白色尖端常常被磨损而不显或缺失。腰白色。尾黑褐色具白色端斑，且越往外侧尾羽白色端斑越大。两翅黑色，初级覆羽白色，中覆羽和大覆羽具白色尖端，初级飞羽黑色，先端微白，次级飞羽和三级飞羽黑褐色具白色端斑。眼周裸皮黄色。下体白色，下喉至上胸黑色，向两侧延伸与后颈的黑环相连，形成一宽阔的黑色领环。

生活习性 常成对或成小群活动，有时也见和八哥混群。鸣声单调、嘈杂，常且飞且鸣，特别是当人接近的时候，常常发出嘈杂的叫声。觅食多在地上。可学习发声说话。

记录生境 在杭州千岛湖、北湖草荡、南湖公园等地均有记录。

雀形目鸫科

73 乌鸫 *Turdus mandarinus*

别名 百舌、反舌、中国黑鸫、黑鸫、乌鹪

濒危情况 列入《国家保护的有益的或者有重要经济、科学研究价值的陆生野生动物名录》，无危（LC）

形态特征 雄鸟全身大致黑色、黑褐色或乌褐色，有的沾锈色或灰色。上体包括两翅和尾羽黑色；下体黑褐色，稍淡，颏缀以棕色羽缘，喉亦微染棕色而微具黑褐色纵纹；喙黄色，眼珠呈橘黄色，羽毛不易脱落，脚近黑色；喙及眼周橙黄色。雌鸟较雄鸟色淡，喉、胸有暗色纵纹；虹膜褐色，喙橙黄色或黄色，脚黑色。

生活习性 常结小群在地面上奔驰，亦常至垃圾堆及厕所等处找食。栖落树枝前常发出急促的“吱－吱”短叫声，歌声嘹亮动听，并善仿其他鸟鸣。胆小，眼尖，对外界反应灵敏，夜间受到惊吓时会飞离原栖地。主要以昆虫为食。所吃食物有鳞翅目、双翅目、鞘翅目、直翅目昆虫及其幼虫。也吃樟籽（食后将籽核吐出）、榕果等果实，以及杂草种子等植物性食物。

记录生境 主要栖息于次生林、阔叶林、针阔叶混交林和针叶林等各种不同类型的森林中。海拔从数百米到4500米均可遇见，尤其喜欢栖息在林区外围、林缘疏林、农田旁树林、果园和村镇边缘，平原草地或园圃间。

杭州最常见的鸟类之一，在各绿地公园均可见到。

74 灰背鸫 *Turdus hortulorum*

濒危情况 列入《国家保护的有益的或者有重要经济、科学研究价值的陆生野生动物名录》，无危（LC）

形态特征 雄鸟上体从头至尾包括两翅表面均为石板灰色，头部微沾橄榄色，头两侧缀有橙棕色，眼先黑色，耳羽褐色，具细的白色羽干纹。飞羽黑褐色，外翈缀有蓝灰色，尾羽除中央一对为蓝灰色外，其余尾羽为黑褐色，外翈缀有蓝灰色。颏、喉淡白色，微缀有赭色，具黑褐色羽干纹，两侧具黑色斑点；胸淡灰色，有的具黑褐色三角形羽干斑；下胸中部和腹中央污白色，下胸两侧、两胁、腋羽和翼下覆羽亮橙栗色，尾下覆羽白色而缀有淡皮黄色。

生活习性 在我国北方为夏候鸟，南方为旅鸟或冬候鸟。每年 4 月末 5 月初迁来东北繁殖地，9 月末至 10 月初南迁。常单独或成对活动，春秋迁徙季节亦集成几只或 10 多只的小群，有时亦见和其他鸫类结成松散的混合群。多活动在林缘、荒地、草坡、林间空地和农田等开阔地带。地栖性，善于在地上跳跃行走，多在地上活动和觅食。繁殖期间极善鸣叫，鸣声清脆响亮，很远即能听见，常常固定在一处从早到晚不停地鸣叫，尤以清晨和傍晚鸣叫最为频繁。每日活动时间甚早，有时在早晨 2：50 左右即开始鸣叫，鸣叫时多站在树下小树枝头，发现人后立即飞到地面，在地上通过急速跳跃前进。

记录生境 主要栖息于海拔1500米以下的低山丘陵地带的茂密森林中，尤以河谷等水域附近茂密的混交林较常见，迁徙和越冬期间也见于常绿阔叶林、杂木林、人工松树林、林缘疏林草坡、果园和农田地带。

在杭州西溪湿地、冠山公园、城北体育公园等地均有记录。

75 白腹鸫 *Turdus pallidus*

濒危情况 列入《国家保护的有益的或者有重要经济、科学研究价值的陆生野生动物名录》，无危（LC）

形态特征 雄鸟额、头顶、枕灰褐色，额基褐色较重，眼先、颊和耳羽黑褐色，耳羽具浅黄白色细纹。其余上体，包括背、肩、腰、尾上覆羽和两翅内侧表面概为橄榄褐色；初级覆羽、初级飞羽灰褐色，外翈羽缘缀有灰色，次级飞羽和三级飞羽外翈缀有橄榄褐色，内翈黑褐色。尾灰褐色，最外侧 2~3 对尾羽具宽阔的白色端斑。颏乳白色，羽干末端延长成须状，黑色，上喉白色，羽端缀有褐灰色，因而使喉部白色多被掩盖起来而不甚显露，下喉、胸和两胁灰褐色，腹中部至尾下覆羽白色沾灰色，尾下覆羽常具灰色或灰褐色斑点。雌鸟和雄鸟相似，但喉白色，仅两侧有少许灰色，头部褐色亦较浓，初级飞羽、初级覆羽和尾羽亦为褐色。虹膜褐色，上喙褐色，

下喙黄色，喙尖淡褐色，脚黄色。

生活习性 多在森林下层灌木间或地上活动和觅食。除繁殖期单独或成对活动外，其他季节多成群。性胆怯，善藏匿。该物种在杭州主要为冬候鸟，繁殖于我国东北。每年 4 月末至 5 月初迁到东北繁殖，9 月末至 10 月初开始南迁。主要以昆虫为食，也吃其他小型无脊椎动物和植物果实与种子。雏鸟的食物在早期主要是鳞翅目幼虫，在雏鸟后期阶段则多以成虫为食，其中较为常见的有象甲科、隐尾蠊科的澳白蚊昆虫。此外也吃蜗牛等其他无脊椎动物，曾在一只雏鸟口中取出稠李巢蛾幼虫 26 条，重量达 1 克。

记录生境 主要栖息于海拔 1200 米以下茂密的针阔混交林中，尤其多在海拔 700~1000 米的混交林中的河谷与溪流两岸活动。也见于海拔 1200 米以上的针叶林和林缘灌丛。迁徙期间多活动在海拔 1000 米以下的低山丘陵地带的林缘、耕地和道边次生林。

在杭州植物园、临平山、五丰岛等地均有记录。

76 斑鸫 *Turdus eunomus*

濒危情况 列入《国家保护的有益的或者有重要经济、科学研究价值的陆生野生动物名录》，无危（LC）

形态特征 指名亚种雄鸟上体从额、头顶、枕、后颈、背、肩、腰一直到尾上覆羽橄榄褐色。头顶至后颈和耳羽具黑色羽干纹；眼先黑色，眉纹淡棕红色或黄白色，腰有时具少许栗色斑。尾上覆羽具栗色斑或主要为棕红色而稍染橄榄褐色，两翅黑褐色，大覆羽外翈羽缘棕白色或棕红色，飞羽黑褐色，外翈羽缘亦为棕白色或棕红色。中央一对尾羽黑褐色或暗橄榄褐色，羽基缘以棕红色，外侧尾羽内翈大都棕红色，外翈黑褐色，最外侧一对尾羽几全为棕红色。须、喉和喉侧棕白色或栗色，颏、喉两侧具黑褐色斑点，有的

此斑一直扩展到整个喉部和上胸。下喉、胸、两胁棕栗色，各羽均具白色羽缘，腹白色，尾下覆羽棕红色，羽端白色；腋羽和翼下覆羽棕栗色，亦具白色羽缘。雌鸟和雄鸟相似，但喉和上胸黑斑较多。

生活习性 除繁殖期成对活动外，其他季节多成群，特别是迁徙季节，常集成数十只上百只的大群。性活跃，活动时常伴随着“叽－叽－叽”的尖细叫声，很远即能听见。一般在地上活动和觅食，边跳跃觅食边鸣叫。群的结合较松散，个体间常保持一定距离，彼此朝一定方向协同前进。性大胆，不怯人。

记录生境 在杭州北湖草荡、植物园、康乐园等地均有记录。

77 虎斑地鸫 *Zoothera aurea*

别名 虎鸫、顿鸫、虎斑山鸫

濒危情况 列入《国家保护的有益的或者有重要经济、科学研究价值的陆生野生动物名录》，无危（LC）

形态特征 虎斑地鸫是鸫类中体型较大的物种，成鸟体长可达30厘米，翅长超过15厘米，上体金橄榄褐色，满布黑色鳞片状斑，下体浅棕白色，除颏、喉和腹中部外，亦具黑色鳞状斑，这样的斑纹能起到很好的保护色作用，颜色和树枝的颜色极为相似，有时候走近还不易被发现。

生活习性 主要以昆虫和无脊椎动物为食，此外也吃少量植物果实、种子和嫩叶等植物性食物。地栖性，可以在地上迅速奔跑，常单独或成对活动，多在林下灌丛中或地上觅食。因其特殊的保护色，在林下地上落叶层中觅食时不易被发现，当人走近即飞走。

记录生境 在杭州半山国家森林公园、黄公望森林公园、超山、航坞公园等地均有记录。

雀形目鹟科

78 鹊鸲 *Copsychus saularis*

别名 四喜、信鸟、吱渣、猪屎渣

濒危情况 列入《国家保护的有益的或者有重要经济、科学研究价值的陆生野生动物名录》，无危（LC）

形态特征 体长 17~23 厘米，雄鸟整个头部和上体呈具蓝色金属光泽的黑色；翼黑褐色，翼上小覆羽、中覆羽、次级覆羽和内侧次级飞羽外翈均为白色；中央尾羽黑色，外侧尾羽白色，尾基部具有黑斑；下体颏、喉、颊、颈侧至上胸均为和头部一样的亮蓝黑色，下胸、腹至尾下覆羽白色；虹膜褐色，喙黑色，脚黑褐色。雌鸟和雄鸟相似，但雌鸟上体偏暗灰褐色，下体白色部分泛棕灰色。

生活习性　主要以甲虫、蝼蛄、蟋蟀、蚂蚁、蜂和蝇等多种昆虫为食，也吃蜘蛛、蜈蚣、螺、蛙等小动物，以及少量植物种实。性活泼，较大胆，好争斗。常单独或成对活动，休息时常展翅翘尾，鸣声悠扬多变。繁殖期在4~7月，属留鸟。

记录生境　杭州最常见的鹟科鸟类之一，在各绿地公园均可见到。

79 红胁蓝尾鸲 *Tarsiger cyanurus*

别名 蓝点冈子、蓝尾巴根子、蓝尾杰、蓝尾欧鸲

濒危情况 列入《国家保护的有益的或者有重要经济、科学研究价值的陆生野生动物名录》，无危（LC）

形态特征 小型鸟类，体长13~15厘米。雄鸟上体从头顶至尾上覆羽，包括两翅内侧覆羽表面均为灰蓝色，头顶两侧、翅上小覆羽和尾上覆羽特别鲜亮，呈灰蓝色。尾主要为黑褐色，中央一对尾羽具蓝色羽缘，外侧尾羽仅外翈羽缘稍沾蓝色，愈向外侧蓝色愈淡。飞羽暗褐色或黑褐色，最内侧二三枚飞羽外翈沾蓝色，其余飞羽具暗棕色或淡黄褐色狭缘。眉纹白色沾棕色，自前额向后延伸至眼上方的前部转为蓝色，眼先、颊黑色，耳羽暗灰褐色或黑褐色，杂以淡褐色斑纹。下体颏、喉、胸棕白色，腹至尾下覆羽白色，胸侧灰蓝色，两胁橙红色或橙棕色。雌鸟上体橄榄褐色，腰和尾上覆羽灰蓝色，尾黑褐色外表亦沾灰蓝色。前额、眼先、眼周淡棕色或

棕白色，其余头侧橄榄褐色，耳羽杂有棕白色羽缘。下体和雄鸟相似，但胸沾橄榄褐色，胸侧无灰蓝色，其余似雄鸟。虹膜褐色或暗褐色，喙黑色，脚淡红褐色或淡紫褐色。

生活习性 常单独或成对活动，有时亦见成 3~5 只的小群，尤其是秋季。主要为地栖性，多在林下地上奔跑或在灌木低枝间跳跃，性甚隐匿，除繁殖期雄鸟站在枝头鸣叫外，一般多在林下灌丛间活动和觅食。停歇时常上下摆尾。红胁蓝尾鸲在我国繁殖，也在我国越冬，既是夏候鸟，也是冬候鸟。

记录生境 繁殖期间主要栖息于海拔 1000 米以上的山地针叶林、岳桦林、针阔叶混交林和山上部林缘疏林灌丛地带，尤以潮湿的冷杉、岳桦林下较常见。迁徙季节和冬季亦见于低山丘陵和山脚平原地带的次生林、林缘疏林、道旁和溪边疏林灌丛中，有时甚至出现于果园和村寨附近的疏林、灌丛和草坡。

杭州最常见的鹟科鸟类之一，在各绿地公园均有记录。

80 白额燕尾 *Enicurus leschenaulti*

濒危情况 列入《国家保护的有益的或者有重要经济、科学研究价值的陆生野生动物名录》，无危（LC）

形态特征 全长约 270 毫米，体型较黑背燕尾大。前额至头顶白色；头顶的羽毛较长，呈冠状；头顶后部至背和肩羽及头、颈两侧和颏、喉至胸部纯黑色；腰至尾上覆羽和下体余部纯白色；翅黑褐色，具大型白色翅斑；尾羽除外侧两对纯白色外，其余尾羽大部分黑褐色，羽基和羽端白色。两性相似。

生活习性 栖息于山林中的溪流处，多成对在急流的石头上活动，受惊后常鸣叫着飞入溪沟旁的灌木丛中，或沿溪流飞行，飞行时多靠近水面。食性以水生昆虫为主。据在宾川采的 2 号标本的胃检结果，一胃中发现有植物的根，胃容食物总量的主要成分（80%）是植物，其余为昆虫及螺蛳等动物

性食物，这说明其也兼食植物性食物。

记录生境 在杭州千岛湖、天目山、小坞水库等地均有记录。

81 北红尾鸲 *Phoenicurus auroreus*

别名 灰顶茶鸲、红尾溜、火燕

濒危情况 列入《国家保护的有益的或者有重要经济、科学研究价值的陆生野生动物名录》，无危（LC）

形态特征 体长13~15厘米。雄鸟头顶至背石板灰色，下背和两翅黑色，具明显的白色翅斑；腰、尾上覆羽和尾橙棕色；前额基部、头侧、颈侧、颏、喉和上胸黑色，其余下体橙棕色。雌鸟上体橄榄褐色，眼圈微白，下体暗黄褐色，胸沾棕色，腹中部近白色。

生活习性 常单独或成对活动。行动敏捷，频繁地在地上和灌丛间跳来跳去啄食虫子，偶尔也在空中飞翔捕食。有时还长时间地站在小树枝头或电线上观望，发现地面或空中有昆虫活动时，才立刻疾速飞去捕之，然后又返回原处。繁殖期间活动范围不大，通常在距巢 80~100 米范围内活动，不喜欢高空飞翔。每次飞翔距离都不远，一般是在林间短距离地逐段飞翔前进。性胆怯，见人即藏匿于丛林内。活动时常伴随着“滴－滴－滴”的叫声，声音单调、尖细而清脆。根据声音很容易找到它。停歇时常不断地上下摆动尾和点头。

记录生境 主要栖息于山地、森林、河谷、林缘和居民点附近的灌丛与低矮树丛中，尤以居民点和附近的丛林、花园、地边树丛较常见，有时也沿公路、河谷伸入到大的森林中，但亦多在路边林缘地带活动，很少进入茂密的原始大森林内。

杭州最常见的鹟科鸟类之一，在各绿地公园均可见到。

82 红尾水鸲 *Phoenicurus fuliginosus*

别名 蓝石青儿、石燕、溪红尾鸲

濒危情况 列入《国家保护的有益的或者有重要经济、科学研究价值的陆生野生动物名录》，无危（LC）

形态特征 体长 12~14 厘米，体重 15~28 克。雄鸟整体呈暗灰蓝色，具醒目的红色尾羽；雌鸟上体为灰褐色，下体白色，带有不规则的白色细斑。

幼鸟类似雌鸟但色调更偏棕色，背部点缀着淡黄色斑点。

生活习性 主要栖息于山地溪流与河谷沿岸，尤以多石的林间或林缘地带的溪流沿岸较常见，也出现于平原河谷和溪流，偶尔也见于湖泊、水库、水塘岸边。常单独或成对活动。多站立在水边或水中石头上、公路旁岩壁上或电线上，有时也落在村边房顶上，停立时尾常不断地上下摆动，间或还将尾散成扇状，并左右来回摆动。当发现水面或地上有虫子时，则急速飞去捕猎，取食后又飞回原处。有时也在地上快速奔跑啄食昆虫。主要以昆虫为食，如鞘翅目、鳞翅目、膜翅目、双翅目、半翅目、直翅目、蜻蜓目等昆虫及其幼虫。此外，也吃少量植物果实和种子。

记录生境 在杭州高村岭、小坞、大坞等地均有记录。

雀形目叶鹎科

83 橙腹叶鹎 *Chloropsis lazulina*

濒危情况 无危（LC）

形态特征 雄鸟额、头顶至后颈黄绿色或蓝绿色，其余上体草绿色，两翼黑色。翅上小覆羽亮蓝色，其余翅上覆羽和初级飞羽紫黑色，外翈为深蓝色具金属光泽，次级飞羽外翈绿色。尾羽暗褐色至黑色，大多沾有暗紫色或暗蓝色。额基、眼先、颊、耳羽和耳羽下方均为蓝黑色且与颏、喉和上胸黑色连为一体。眉区和眼后微沾黄色，颏、喉和上胸微缀紫蓝色，髭纹钴蓝色，粗而短，其余下体橙色，两胁绿色。

生活习性 常成对或成 3~5 只的小群，多在乔木冠层间活动，尤其在溪流附近和林间空地等开阔地区的高大乔木上出入频繁，偶尔也到林下灌木和地上活动和觅食。性活泼，常不停地在枝叶间跳上跳下，或在林木间飞来飞去，并不断发出悦耳的叫声。

记录生境 在杭州植物园、西湖山区、江洋畈生态公园等地均有记录。

雀形目雀科

84 山麻雀 *Passer cinnamomeus*

濒危情况 列入《国家保护的有益的或者有重要经济、科学研究价值的陆生野生动物名录》，无危（LC）

形态特征 雄鸟上体从额、头顶、后颈一直到背和腰均为栗红色，上背内翈具黑色条纹，背、腰外翈具窄的土黄色羽缘和羽端。尾上覆羽黄褐色，尾暗褐色或褐色，亦具土黄色羽缘，中央尾羽边缘稍红。两翅暗褐色，外翈羽缘棕白色，翅上小覆羽栗红色，中覆羽黑栗色，每片羽毛中央有一楔状栗色斑，两侧黑栗色具宽阔的白色端斑，大覆羽黑栗色具宽阔的栗红色至栗黄色羽缘，小翼羽和初级覆羽黑褐色。初级和次级飞羽黑色，具宽阔的栗黄色羽缘，初级飞羽外翈基部有 2 道棕白色横斑。眼先和眼后黑色，颊、耳羽、头侧白色或淡灰白色。颏和喉部中央黑色，喉侧、颈侧和下体灰白色有时微沾黄色，覆腿羽栗色。腋羽灰白色沾黄色。雌鸟上体橄榄褐色或沙褐色，上背满杂以棕褐色与黑色斑纹，腰栗红色，眼先和贯眼纹褐色，一直向后延伸至颈侧。眉纹皮黄白色或土黄色，长而宽阔。颊、头侧、颏、喉皮黄色或皮黄白色，下体淡灰棕色，腹部中央白色，两翅和尾颜色同雄鸟。

生活习性 留鸟，部分迁徙。性喜结群，除繁殖期单独或成对活动外，其他季节多呈小群，在树枝或灌丛间飞来飞去或飞上飞下，飞行力较其他麻雀强，活动范围亦较其他麻雀大。冬季常随气候变化移至山麓草坡、耕地和村寨附近活动。不依赖树木，在房子周围繁殖，在街上吃残羹剩饭。在冬季，该物种也出现在开阔的耕地和河边草原上，但从不远离灌木或乔木。

记录生境 栖息于海拔 1500 米以下的低山丘陵和山脚平原地带的各

类森林和灌丛中，在西南和青藏高原地区，也见于海拔2000~3500米的各林带间。多活动于林缘疏林、灌丛和草丛中，不喜欢茂密的大森林，有时也到村镇和居民点附近的农田、河谷、果园、岩石草坡、房前屋后和路边树上活动和觅食。

在杭州千岛湖、天目山、径山等地均有记录。

85 麻雀 *Passer montanus*

别名 欧亚树麻雀、霍雀、瓦雀、嘉宾、硫雀、家雀、老家贼、只只

濒危情况 列入《国家保护的有益的或者有重要经济、科学研究价值的陆生野生动物名录》，无危（LC）

形态特征 成鸟：从额至后颈纯肝褐色；上体沙褐色，背部具黑色纵纹，并缀以棕褐色；尾暗褐色，羽缘较浅淡；翅小覆羽栗色，中覆羽的基部呈灰黑色，具白色沾黄的羽端，大覆羽大都黑褐色，外翈具棕褐色边缘，外侧初级飞羽的缘纹，除第 1 枚外，在羽基和近端处形稍扩大，互相骈缀，略呈两道横斑状，内侧次级飞羽的羽缘较阔，棕色亦较浓；眼的下缘、眼先、颏和喉的中部均黑色；颊、耳羽和颈侧白色，耳羽后各具一黑色块斑；胸和腹淡灰近白色，沾有褐色，两胁转为淡黄褐色，尾下覆羽与之相同，但色更淡，各羽具宽的较深色的轴纹，腋羽色同胁部。虹膜深褐色，喙黑色，脚粉褐色。幼鸟（7~10 月）：羽色较成鸟苍淡。头顶中部沙褐色，两侧和颈肝褐色较浓；背部黑纹比成鸟少；翅上的横斑不显；眼先、颏和喉暗灰色或灰黑色；颊与喉侧均灰白色，耳羽后部的黑斑比成鸟浅淡；胸灰沾棕色；腹污白；两胁和尾下覆羽渲染灰棕色。虹膜暗红褐色；喙一般为黑色，但冬季有的呈褐色；下喙呈黄色，特别是基部；脚和趾等均为污黄褐色。

生活习性 性喜成群，除繁殖期外，常成群活动，特别是秋冬季节，集群多达数百只，甚至上千只。一般在房舍及其周围地区，尤其喜欢在房檐、屋顶、房前屋后的小树和灌丛上，有时也到邻近的农田地上活动和觅食。每个栖息地都有较为固定的觅食场所，如场院、猪圈、牲口棚和邻近的农田地区，活动范围多在 1~2 千米。在屋檐洞穴或瓦片下的缝隙中过夜，也有在房舍或村旁附近的岩穴、土洞和树上过夜和休息的。性活泼，频繁地在地上奔跑，并发出叽叽喳喳的叫声，较为嘈杂。若有惊扰，立刻成群飞至房顶或树上，一般飞行不远，也不高飞。飞行时两翅扇动有力，速度甚快，大群飞行时常常发出较大的声响。性大胆，不甚怕人，也很机警，

在地上发现食物时，常常先向四周观看，无危险，才跑去啄食，或先去几只试探，然后才有更多的鸟陆续飞去，稍有声响，立刻成群惊飞。树麻雀的两翅与其身体相比较，相当短小，故不能远飞，往往仅在短距离间活动。春季繁殖期间，雌雄主要成对活动，共同营巢、孵卵、喂养幼鸟，幼鸟长大习飞离巢，先随老鸟一起活动，而后老鸟进行第二次繁殖，幼鸟才自相结群活动。秋后，所有成鸟与当年的幼鸟合群，其数量可达数百以至上千只在田野或仓库等地探食谷物。冬季，仍结群觅食，不过群集变小，活动范围也由散布在田野的情形，渐缩到房院周围，至春初渐分散为更小的群，并开始自相配对。在西北地区，由于季节气候变化剧烈，秋末冬初尚可见到垂直迁移现象。像青海湟水河谷的树麻雀，寒冬到来时，逐渐从较冷的上游地区迁移到较暖的下游地区去过冬。食性较杂，主要以谷粒、草子、种子、果实等植物性食物为食，繁殖期间也吃大量昆虫，特别是雏鸟，几全以昆虫和昆虫幼虫为食。鸣叫鸣声极嘈杂，略似“zek-zek-chi，chi，zek，zek”，叽叽喳喳叫个不休，特别是集大群时，百米以内均可听到。

记录生境 无论山地、平原、丘陵、草原、沼泽和农田，还是城镇和乡村，在有人类集居的地方，多有分布。栖息地海拔 300~2500 米，在我国西藏地区甚至可达 4500 米。麻雀栖息环境很杂，但一般多栖息在居民点或其附近的田野。

杭州最常见的鸟类之一，在各公园、绿地、农田等环境均可见到。

雀形目梅花雀科

86 斑文鸟 *Lonchura punctulata*

别名 花斑衔珠鸟、麟胸文鸟、小纺织鸟、鱼鳞沉香

濒危情况 列入《国家保护的有益的或者有重要经济、科学研究价值的陆生野生动物名录》，无危（LC）

形态特征 雌雄羽色相似。额、眼先栗褐色，羽端稍淡，头顶、后颈、背、肩淡棕褐色或淡栗黄色，每片羽毛均有淡色羽干纹和不甚明显的暗栗褐色和淡褐色横斑。两翅暗褐色，翅上覆羽、初级飞羽和次级飞羽羽缘以及三级飞羽缀亮栗褐色。下背、腰和短的尾上覆羽灰褐色，羽端近白色，具细的淡栗色横斑和白色羽干纹。长的尾上覆羽和中央尾羽橄榄黄色，其余尾羽暗黄褐色。脸、颊、头侧、颏、喉深栗色，颈侧栗黄色，羽尖白色，上胸、胸侧淡棕白色，各羽均具两道红褐色或浅栗色弧状横斑，形成鳞片状；下胸、上腹和两胁白色或近白色，各羽具两道暗灰褐色或深栗色弧状横斑或“U”

形斑，腹中央和尾下覆羽白色或皮黄白色；尾下覆羽亦具两道褐色弧状横斑，但常常被羽毛掩盖而不明显，腋羽、翅下覆羽亮棕皮黄色或红赭色。

生活习性 除繁殖期成对活动外，多成群，常成20~30只，甚至上百只的大群活动和觅食，有时也与麻雀和白腰文鸟混群。多在庭院、村边、农田和溪边树上以及灌丛与竹林中，也在草丛和地上活动。群结合较紧密，休息时亦多紧紧集聚在一起，有时一棵树上聚集着上百只，若有惊扰，全群立即起飞。飞行迅速，两翅扇动有力，常常发出“呼呼”的振翅声响，飞行时亦多成紧密的一团。

记录生境 在杭州千岛湖、江洋畈生态公园、五丰岛等地均有记录。

87 白腰文鸟 *Lonchura striata*

别名 白丽鸟、禾谷、十姊妹、算命鸟、衔珠鸟、观音鸟

濒危情况 列入《国家保护的有益的或者有重要经济、科学研究价值的陆生野生动物名录》，无危（LC）

形态特征 雌雄羽色相似。额、头顶前部、眼先、眼周、颊和喙基均为黑褐色，头顶后部至背和两肩暗沙褐色或灰褐色，具白色或皮黄白色羽干纹。腰白色，尾上覆羽栗褐色，具棕白色羽干纹和红褐色羽端。尾黑色，先端尖，呈楔状。两翅黑褐色，翅上覆羽和三级飞羽外表羽色同背，但较背深，亦具棕白色羽干纹。耳覆羽和颈侧淡褐色或红褐色，具细的白色条纹或斑点。颏、

喉黑褐色，上胸栗色，各羽具浅黄色羽干纹和淡棕色羽缘，下胸、腹和两胁白色或灰白色，各羽具不明显的淡褐色“U”形斑或鳞状斑；肛周、尾下覆羽和覆腿羽栗褐色，具棕白色细纹或斑点。

生活习性 性好结群，除繁殖期多成对活动外，其他季节多成群，常数只或 10 多只在一起，秋冬季节亦见数 10 只甚至上百只的大群，群的结合较为紧密，无论是飞翔或是停息时，常常挤成一团。常在矮树丛、灌丛、竹丛和草丛中，也常在庭院、田间地头和地上活动，晚上成群栖息在树上或竹上。夏秋季节常与麻雀一起站在稻穗和麦穗头上啄食种子，有时还成群飞往粮食仓库盗食，故有“偷仓”之称。冬季群居在旧巢中，一般 10 只或 10 余只同居一旧巢，故又有“十姐妹”之称。常站在树枝、竹枝等高处鸣叫，也常边飞边鸣，鸣声单调低弱，但很清晰。其声似“嘘 - 嘘 - 嘘 - 嘘”，多 4~5 声一度，声声分开，急速而短，受惊时鸣声更尖锐而短促。飞行时两翅扇动甚

快，常可听见振翅声，特别是成群飞翔时声响更大，快而有力，呈波浪状前进。性温顺，不畏人，易于驯养。经过驯养的鸟非常眷恋人和它栖居的笼子，常常打开笼门也不飞，或站到人的手上，也能教会它做些简单的动作。

记录生境　栖息于海拔 1500 米以下的低山、丘陵和山脚平原地带，尤以溪流、苇塘、农田耕地和村落附近较常见，常见于低海拔的林缘、次生灌丛、农田及花园，高可至海拔 1600 米。很少到中高山地区和茂密的森林中活动。

在杭州动物园、江洋畈生态公园、北湖草荡等地均有记录。

雀形目鹡鸰科

88 灰鹡鸰 *Motacilla cinerea*

濒危情况 列入《国家保护的有益的或者有重要经济、科学研究价值的陆生野生动物名录》，无危（LC）

形态特征 雄鸟前额、头顶、枕和后颈灰色或深灰色；肩、背、腰灰色沾暗绿褐色或暗灰褐色。尾上覆羽鲜黄色，部分沾有褐色，中央尾羽黑色或黑褐色，具黄绿色羽缘，外侧3对尾羽除第一对全为白色外，第二、三对外翈黑色或大部分黑色，内翈白色。两翅覆羽和飞羽黑褐色，初级飞羽除第一、二、三对外，其余初级飞羽内翈具白色羽缘，次级飞羽基部白色，形成一道明显的白色翼斑，三级飞羽外翈具宽阔的白色或黄白色羽缘。眉纹和颧纹白色，眼先、耳羽灰黑色。颏、喉夏季为黑色，冬季为白色，其余下体鲜黄色。雌鸟和雄鸟相似，但雌鸟上体较绿灰，颏、喉白色，不为黑色。虹膜褐色，喙黑褐色或黑色，跗跖和趾暗绿色或褐色。

生活习性 常单独或成对活动，有时也集成小群或与白鹡鸰混群。飞行时两翅一展一收，呈

波浪式前进，并不断发出"ja-ja-ja-ja……"的鸣叫声。常停栖于水边、岩石、电线杆、屋顶等处，有时也栖于小树顶端枝头和水中露出水面的石头上，尾不断地上下摆动。被惊动以后则沿着河谷上下飞行，并不停地鸣叫。常沿河边或道路行走捕食。

记录生境 在杭州植物园、青山湖、北湖草荡等地均有记录。

89 白鹡鸰 *Motacilla alba*

别名 白颤儿、白面鸟、白颊鹡鸰、眼纹鹡鸰、点水雀、张飞鸟

濒危情况 列入《国家保护的有益的或者有重要经济、科学研究价值的陆生野生动物名录》，无危（LC）

形态特征 额头顶前部和脸白色，头顶后部、枕和后颈黑色。背、肩黑色或灰色，飞羽黑色。翅上小覆羽灰色或黑色，中覆羽、大覆羽白色或尖端白色，在翅上形成明显的白色翅斑。尾长而窄，尾羽黑色，最外两对尾羽主要为白色。颏、喉白色或黑色，胸黑色，其余下体白色。虹膜黑褐色，喙和跗跖黑色。

生活习性 常单独、成对或成 3~5 只的小群活动。迁徙期间也见成 10 多只至 20 余只的大群。多栖于地上或岩石上，有时也栖于小灌木或树上，多在水边或水域附近的草地、农田、荒坡或路边活动，或是在地上慢步行走，或是跑动捕食。遇人则斜着起飞，边飞边鸣。鸣声似"jilin-jilin-"，声音清

脆响亮，飞行姿势呈波浪式，有时也较长时间地站在一个地方，尾不住地上下摆动。主要以鞘翅目、双翅目、鳞翅目、膜翅目、直翅目等昆虫为食，如象甲、蛴螬、叩头甲、米象、蝗虫、蝉、螽斯、金龟子、蚂蚁、蜂类、步行虫、蛾、蝇、蚜虫等。此外也吃蜘蛛等其他无脊椎动物，偶尔也吃植物种子、浆果等植物性食物。

记录生境 主要栖息于河流、湖泊、水库、水塘等水域岸边，也栖息于农田、湿草原、沼泽等湿地，有时还栖息于水域附近的居民点和公园。

杭州最常见的鸟类之一，在各水域附近均可见到。

90 田鹨 *Anthus richardi*

别名 大花鹨、花鹨、理氏鹨

濒危情况 列入《国家保护的有益的或者有重要经济、科学研究价值的陆生野生动物名录》，无危（LC）

形态特征 上体主要为黄褐色或棕黄色，头顶、两肩和背具暗褐色纵纹，后颈和腰纵纹不显著或无纵纹。尾上覆羽深棕色，无纵纹，尾羽暗褐色，具沙黄色或黄褐色羽缘，中央一对尾羽羽缘较宽，最外侧一对尾羽大都白色或几全为白色，仅内翈近羽基处羽缘灰褐色，次一对外侧尾羽外翈白色，内翈羽端具较窄的楔状白斑，羽轴暗褐色。翼上覆羽黑褐色，小覆羽具淡黄棕色羽缘，中覆羽和大覆羽具较宽的棕黄色羽缘。初级飞羽和次级飞羽暗褐色，具窄的棕白色羽缘，三级飞羽黑褐色，具宽的淡棕色羽缘。眉纹黄白色或沙黄色。颏、喉白色沾棕色，喉两侧有一暗色纵纹。胸和两胁皮黄色或棕黄色，胸具暗褐色纵纹，下胸和腹皮黄白色或白色沾棕色。虹膜褐色，喙褐色，上喙基部和下喙淡黄色。脚褐色，甚长，后爪亦甚长。后爪长于后趾。

生活习性 在我国主要为夏候鸟，部分在南方为冬候鸟或留鸟。通常在4月中下旬迁来北方繁殖地，10月中下旬开始南迁。常单独或成对活动，迁徙季节亦成群。有时也和云雀混杂在地上觅食。多栖息于地上或小灌木上。飞行呈波浪式，多贴地面飞行。鸟鸣起伏飞行时重复发出“chew-ii、chew-ii”或“chip-chip-chip”及细弱的啾啾叫声“chup-chup”。

记录生境 主要栖息于开阔平原、草地、河滩、林缘灌丛、林间空地以及农田和沼泽地带。

常在杭州的沼泽、农田、溪边和公园林间空地活动，如西溪湿地、超山公园等地。

91 树鹨 *Anthus hodgsoni*

别名 木鹨、麦加蓝儿、树鲁

濒危情况 列入《国家保护的有益的或者有重要经济、科学研究价值的陆生野生动物名录》，无危（LC）

形态特征 上体橄榄绿色或绿褐色，头顶具细密的黑褐色纵纹，往后到背部纵纹逐渐不明显。眼先黄白色或棕色，眉纹自喙基起棕黄色，后转为白

色或棕白色，具黑褐色贯眼纹。下背、腰至尾上覆羽几纯橄榄绿色，无纵纹或纵纹极不明显。两翅黑褐色，具橄榄黄绿色羽缘，中覆羽和大覆羽具白色或棕白色端斑。尾羽黑褐色，具橄榄绿色羽缘，最外侧一对尾羽具大型楔状白斑，次一对外侧尾羽仅尖端白色。颏、喉白色或棕白色，喉侧有黑褐色颧纹，胸皮黄白色或棕白色，其余下体白色，胸和两胁具显著的黑色纵纹。虹膜红褐色，上喙黑色，下喙肉黄色，跗跖和趾肉色或肉褐色。

生活习性　在我国为夏候鸟或冬候鸟。每年 4 月初开始迁来东北繁殖地，秋季于 10 月下旬开始南迁，迁徙时常集成松散的小群。常成对或成 3~5 只的小群活动，迁徙期间亦集成较大的群。多在地上奔跑觅食。性机警，受惊后立刻飞到附近树上，边飞边发出“chi-chi-chi”的叫声，声音尖细。站立时尾常上下摆动。食物主要有鳞翅目幼虫、蝗虫、象鼻虫、虻、金花虫、甲虫、蚂蚁、卷象等昆虫，也吃蜘蛛、蜗牛等小型无脊椎动物。此外还吃苔藓、谷粒、杂草种子等植物性食物。冬季食物亦主要为步行虫、象甲、金花虫、蝇、蚊、蚂蚁、毛虫、隐翅虫等昆虫和大量杂草种子。

记录生境 栖息于低山和山脚平原地带的阔叶林、针阔混交林、次生林和人工林中，也出现于林缘疏林、河谷、果园、城市公园以及农田地边和庭院中的树上。

在杭州北湖草荡、南湖公园、白鹭公园等地均有记录。

雀形目燕雀科

92 燕雀 *Fringilla montifringilla*

别名 虎皮雀、麻蜡、虎皮燕鸟

濒危情况 列入《国家保护的有益的或者有重要经济、科学研究价值的陆生野生动物名录》，无危（LC）

形态特征 喙粗壮而尖，呈圆锥状，基部黄色，先端黑色；虹膜褐色，喙黄色，喙端黑色。雄鸟繁殖羽从头至背灰黑色，背具黄褐色羽缘；肩、翅上中覆羽、大覆羽尖端、腰和尾上覆羽白色；颏、喉、胸橙黄色，腹至尾下覆羽白色，两胁淡棕色而具黑色斑点；两翅和尾黑色，翅上具白斑，飞羽具皮黄色外侧羽缘。雌鸟体色较浅淡，上体褐色，具有黑色斑点，头顶和枕具窄的黑色羽缘，头侧和颈侧灰色，腰白色。

生活习性 冬候鸟。主要以草籽、果实、种子等植物性食物为食，尤以杂草种子最喜吃，也吃树木种子、果实、植物嫩叶及小米、稻谷、高粱、玉米、向日葵等作物种子，繁殖期间则主要以昆虫为食。除繁殖期成对活动外，其他季节多成群，尤其是迁徙期间常集成大群，有时甚至集群多达数百、上千只，晚上多在树上过夜。由于啄食农作物，对农业有一定害处。但繁殖季节也吃昆虫，对森林有益。该鸟易于驯养，亦可作为观赏鸟，也可以作为表演用鸟。叫声为重复响亮而单调的粗喘息声“zweee”，也发出高叫及吱叫声；飞行叫声为“chuee”。

记录生境 栖息于临平山等阔叶林、针阔混交林和针叶林等各类森林中，尤以在桦树占优势的树林较常见。

在杭州植物园、北湖草荡、天目山等地均有记录。

93 黑尾蜡嘴雀 *Eophona migratoria*

别名 蜡嘴、小桑嘴、哨花子、铜嘴

濒危情况 列入《国家保护的有益的或者有重要经济、科学研究价值的陆生野生动物名录》，无危（LC）

形态特征 雄鸟喙基、眼先、额、头顶、头侧、颏和喉等整个头部灰黑色，具蓝色金属光泽。后颈、背、肩灰褐色，有的背微沾棕色，腰和尾上覆羽淡灰色或灰白色。尾黑色，外翈具蓝黑色金属光泽。翅上覆羽和飞羽黑色，具蓝紫色金属光泽，初级覆羽和飞羽具白色端斑，尤以初级飞羽白色端斑较宽阔。下喉、颈侧、胸、腹和两胁灰褐色沾棕黄色，有时两胁沾赭棕色或橙棕色，腹中央至尾下覆羽白色，腋羽和翼下覆羽黑色，羽缘白色。雌鸟整个头和上体灰褐色，背、肩微沾黄褐色，腰和尾上覆羽近银灰色，中央两对尾羽灰褐色，其余尾羽黑褐色，羽缘沾灰色。翅上覆羽和三级飞羽灰褐色，羽端稍暗，初级覆羽黑色，羽端白色，飞羽黑褐色，外翈灰黑色，初级飞羽和外侧次级飞羽具白色端斑，内侧次级飞羽灰黄褐色，内翈羽缘和端斑黑褐色。下体淡灰褐色，两胁和腹

沾橙黄色，尾下覆羽污灰白色。幼鸟和雌鸟相似，但羽色较浅淡，下体近污白色，无橙黄色沾染。虹膜淡红褐色，喙橙黄色，喙基、喙尖和会合线蓝黑色。

生活习性 夏候鸟或留鸟。每年 4 月初从我国南方迁至东北繁殖，10 月中下旬开始迁回。繁殖期间单独或成对活动，非繁殖期也成群，有时集成数 10 只的大群。树栖性，频繁地在树冠层枝叶间跳跃或来回飞翔，或从一棵树飞至另一棵树，飞行迅速，两翅扇动有力，在林内常一闪即逝。性活泼而大胆，不甚怕人。平时较少鸣叫，叫声是一种单调的“tek-tek”声，繁殖期间鸣叫频繁。鸣声高亢，悠扬而婉转，很远即能听到。主要以种子、果实、

草子、嫩叶、嫩芽等植物性食物为食，也吃部分昆虫，如甲虫、膜翅目、鞘翅目等昆虫和小螺蛳等小型无脊椎动物。

记录生境 栖息于低山和山脚平原地带的阔叶林、针阔混交林、次生林和人工林中，也出现于林缘疏林、河谷、果园、城市公园以及农田地边和庭院中的树上。

在杭州江洋畈生态公园、钱江世纪公园、植物园等地均有记录。

94 黄雀 *Spinus spinus*

别名 黄鸟、金雀、芦花黄雀

濒危情况 列入《国家保护的有益的或者有重要经济、科学研究价值的陆生野生动物名录》，无危（LC）

形态特征 雄性成鸟（春羽）额、头顶和枕部黑色，枕羽略带灰黄；眼先灰色；眉纹鲜黄色；贯眼纹短，呈黑色；耳羽暗绿色；颊黄色；后颈和背绿色，羽缘黄色；腰亮黄色，羽尖色较深，近背部有褐色羽干纹；尾上覆羽褐色，具亮黄色宽缘；中央一对尾羽黑褐色，带亮黄狭边；最外侧一对尾羽的外翈基段及内翈亮黄色，外翈末段及内翈羽端褐色；其余尾羽基段亮黄色，末段黑褐色，并带黄色边缘；小覆羽、中覆羽均褐色，带亮黄绿色宽缘；大覆羽黑褐色，羽端亮绿色；小覆羽黑色，羽缘黄色而尖端白色；初级覆羽暗黑色，羽缘绿黄色；飞羽基段亮黄色，末段黑褐色，外缘黄绿色；所有飞羽羽端均灰褐色；颏和喉中央黑色，羽尖沾黄色；胸亮黄色；腹灰白色，微沾黄色；两胁及尾下覆羽灰白色，有黑褐色羽干纹，翼下覆羽和腋羽淡黄色，前者羽基发黑。

生活习性 除繁殖期成对生活外，常集结成几十只的群，春秋季迁徙时见有集成大群的现象。性不大怯疑，但在繁殖期非常隐蔽。平常游荡时喜落于茂密的树顶上，常一鸟先飞，而后群体跟着前往。飞行快速，直线前进。

记录生境 在杭州江洋畈生态公园、石牛山、西溪湿地等地均有记录。

雀形目鹀科

95 田鹀 *Emberiza rustica*

别名 花眉子、白眉儿、田雀、花嗦儿、花九儿

濒危情况 列入《国家保护的有益的或者有重要经济、科学研究价值的陆生野生动物名录》，无危（LC）

形态特征 雄性成鸟（春羽）头顶和面部均为黑色，有些羽端沾栗黄色；眉纹白色，有的个体眉纹沾土黄色；枕部多为白色，形成一块白斑；颧纹棕白色伸至颈侧；背以至尾上覆羽均栗红色，背羽中央有黑褐色纵纹，羽缘土黄色，余羽具黄色狭缘；中央尾羽的中央黑褐色，向两侧渐浅，并渐显栗色，羽缘土白色；最外侧一对尾羽由内翈先端的中央起有一白色带伸至外翈的近基部；外侧第二对尾羽的白带和第一对同，但不向外翈延伸；其余尾羽均黑褐色，微具黄褐色羽缘；小覆羽栗褐色，羽缘土黄色；中和大覆羽黑褐色，羽缘栗红色至栗黄色，羽端白色形成两道白斑；小翼羽、初级覆羽和飞羽均

角褐色，羽缘栗黄色；颏、喉、颈侧及腹部近白色，颊和喉侧有一块褐色点斑；胸和胁的羽端栗红色，因而形成栗红色胸带及体侧的栗色斑；腋羽和翼下覆羽白色。

生活习性　在地面取食，食物以植物为主，在东北春季的食物几乎全是各种野生杂草种子，也有越冬的昆虫和蜘蛛等；秋冬季则以各种谷物为主，并有杂草种子等，而在长白山区发现该鸟胃中多数是松子。

记录生境　栖息于平原杂木林、人工林、灌木丛和沼泽草甸中；也见于长白山海拔 800~1000 米的低山区和山麓以及开阔田野中。

在杭州北湖草荡、独城生态公园、五丰岛等地均有记录。

96 灰头鹀 *Emberiza spodocephala*

别名　青头楞、青头鬼儿、蓬鹀、青头雀、黑脸鹀

濒危情况　列入《国家保护的有益的或者有重要经济、科学研究价值的陆生野生动物名录》，无危（LC）

形态特征　雄性成鸟（春羽）喙基、眼先、颊和颏斑灰黑色；头全部、颈周和胸绿灰色而微沾黄色，有时具黑点；上背、肩橄榄绿色，微沾赤褐色，羽中央具宽阔黑色条纹，羽缘黄褐色；下背、腰和尾上覆羽浅橄榄褐色；尾羽黑褐色，中央尾羽具黄褐色羽缘，其余尾羽绿亮褐色，外侧第二对尾羽内

翈具白色楔状斑，最外侧一对尾羽几乎全白色，仅内侧有一斜黑斑，外翈羽端具褐斑；小覆羽淡红褐色，中覆羽和大覆羽黑褐色，外表沙褐色，羽缘色浅，羽端呈牛皮白色；内侧大覆羽和内侧次级飞羽褐黑色，外翈羽缘赤褐色；小翼羽和初级覆羽褐色；飞羽暗褐色，外缘淡赤褐色；胸淡硫黄色，至肛周和尾下覆羽转为黄白色；胸侧和两胁淡褐色而具黑褐色条纹；腋羽淡黄色；翼下覆羽黄白色，羽基色暗。

生活习性 常成小群活动，除繁殖期成对外，也有单独活动者，性不胆怯，容易使人接近，往往在非常接近时才飞离。当受惊时发出短促的“chip”声。繁殖期雄鸟叫声近似三道眉草鹀，但音节较少，多为4~5个音节，不大响亮。杂食性，在早春和晚秋时以杂草籽、植物果实和各种谷物为食，夏季繁殖期大量啄食鳞翅目昆虫的幼虫及其他昆虫。

记录生境 栖息在平原至高山，可见于海拔3000米左右。生活于山区河谷溪流两岸、平原沼泽地的疏林和灌丛中，也在山边杂木林、草甸灌丛、山间耕地以及公园、苗圃和篱笆上活动。

杭州最常见的鹀科鸟类之一，在白马湖公园、北湖草荡、五丰岛等地均可见到。

97 黄喉鹀 *Emberiza elegans*

别名 黄豆瓣、黑月子、黄眉子、黄凤儿、虎头凤

濒危情况 列入《国家保护的有益的或者有重要经济、科学研究价值的陆生野生动物名录》，无危（LC）

形态特征 雄鸟具黑色羽冠，头侧黑色，颏喉、羽冠下和眉纹黄色。背栗色，具黑色纵纹，胸有一半月形黑斑，腹灰白色，具纵纹。雌鸟羽色较淡，羽冠和头侧褐色，胸部无黑斑。

生活习性 栖息于低山丘陵地带的次生林、阔叶林、针阔混交林和林缘灌丛中，尤喜河谷与溪流沿岸疏林灌丛。一般主食植物种子。繁殖期在地面或灌丛内筑碗状巢，非繁殖期常集群活动。

记录生境 在杭州黄公望森林公园、下沙湿地公园、北湖草荡等地均有记录。

参考文献

刘阳, 陈水华 . 中国鸟类观察手册［M］. 长沙: 湖南科学技术出版社, 2021.

王彦平, 宋云枫, 钟雨茜, 等 . 中国鸟类的生活史和生态学特征数据集［J］. 生物多样性, 2021, 29（9）: 1149–1153.

约翰·马敬能 . 中国鸟类野外手册［M］. 北京: 商务印书馆, 2022.

郑光美 . 中国鸟类分类与分布名录［M］. 4 版 . 北京: 科学出版社, 2023.

索引

中文名索引

S

T

W

X

Y

Z

学名索引

A

C

D

E

F

G

H

I

L

M

N

P

S

T

U

Z